"十四五"普通高等教育本科部委级规划教材

# 食品微生物学实验技术

S hipin Weishengwuxue Shiyan Jishu

侯进慧◎主编

U0150947

中国纺织出版社有限公司

# 内容提要

本书旨在培养学生食品微生物学基本实验方法与操作技能，培养学生独立分析和解决实验问题的能力，为将来的科研和工作实践奠定扎实的基础。全书共分为4篇，涉及基础微生物学实验、食品微生物学实验、分子微生物学实验、食品发酵与菌菇栽培实验等内容，共计46个实验。在保证科学性、先进性和实用性的基础上，尽可能地体现本教材的特点，注重本专业的针对性和适应性，力求做到编写内容丰富、条理清晰、特色突出。

本书可作为应用型本科院校食品科学与工程、食品质量与安全、生物工程及相关专业的实验课程教材，也可供相关教师和科研人员参考使用。

## 图书在版编目（CIP）数据

食品微生物学实验技术 / 侯进慧主编. --北京：中国纺织出版社有限公司，2021.4
"十四五"普通高等教育本科部委级规划教材
ISBN 978-7-5180-8161-5

Ⅰ. ①食… Ⅱ. ①侯… Ⅲ. ①食品微生物—微生物学—实验—高等学校—教材 Ⅳ. ①TS201.3-33

中国版本图书馆CIP数据核字（2020）第218314号

责任编辑：闫 婷 潘博闻 责任校对：楼旭红 责任印制：王艳丽

中国纺织出版社有限公司出版发行
地址：北京市朝阳区百子湾东里A407号楼 邮政编码：100124
销售电话：010—67004422 传真：010—87155801
http://www.c-textilep.com
中国纺织出版社天猫旗舰店
官方微博http://weibo.com/2119887771
三河市宏盛印务有限公司印刷 各地新华书店经销
2021年4月第1版第1次印刷
开本：710×1000 1/16 印张：12
字数：192千字 定价：42.80元

凡购本书，如有缺页、倒页、脱页，由本社图书营销中心调换

# 前言

  食品微生物学实验是实践操作性很强的课程，也是食品微生物学理论课程的重要支撑。本课程培养学生食品微生物学基本实验方法与操作技能，培养学生独立分析和解决食品微生物学实验问题的能力，提升创新意识，为将来的科研和工作实践奠定扎实的基础。食品微生物学实验是高等院校食品科学与工程、食品质量与安全等专业重要的专业基础课程之一，该课程为发酵工程、酶工程、食品微生物检验等专业课的开设打基础，涵盖微生物的形态结构、营养、代谢、遗传、生态、分类等方面的经典实验方法和实验新技术。全书内容共设置46个实验，分为基础微生物学技术、食品微生物学实验、分子微生物学实验、食品发酵与菌菇栽培实验等内容，既有培养学生掌握食品微生物学基本原理和应用的基础性实验，又有训练学生实践创新能力的综合性、设计性实验。

  全书内容分为4篇，涉及基础微生物学实验、食品微生物学实验、分子微生物学实验、食品发酵与菌菇栽培实验和附录等内容，共计46个实验，由徐州工程学院教师和维维集团企业教师共同编写。参加编写的徐州工程学院教师有王乃馨、侯进慧、崔珏、孙会刚和邵颖，参加编写的维维集团企业教师有周坤、宋孝刚、刘兴玲。全书由侯进慧负责统稿。

  本书可作为应用型本科院校食品科学与工程、食品质量与安全、生物工程及相关专业的实验课程教材，也可供相关教师和科研人员参考使用。由于编者水平有限，编写时间仓促，书中难免存在疏漏之处，希望读者指正。

# 食品微生物学实验室基本安全规范

随着社会对食品安全和营养卫生的日益重视,食品微生物学实验这一食品工业技术在食品安全检测领域飞速发展,应用广泛。由于微生物具有种类多样性和广泛分布性的生物学特征,食品很容易遭到微生物的污染,在很多食品加工环节中都很难控制,因此食品微生物实验室的规范化管理是研究和检测的基础。

## 1. 食品微生物实验室工作人员的基本要求

食品微生物实验室的工作人员需要一定资质,具有微生物学知识或相近专业的知识,能够胜任实验室管理和基本操作所必需的设备操作技能和微生物检测技能,定期接受实验室生物安全培养、微生物检测技术培训和设备操作培训等方面的培训,进行相关继续教育计划。在操作之前,工作人员必须严格进行自身微生物的清洁,防止污染无菌室,这就要求工作人员必须穿无菌工作服,戴帽子、口罩,同时做好手部消毒,禁止吸烟。在操作过程中,注意不要人员过多,避免人为污染样品同时也要保证自身安全,保证实验的准确度和精密度。

## 2. 食品微生物实验室的卫生和安全要求

实验室的清洁卫生是食品微生物实验操作的基础,也是保障实验质量的基础。制定并实施实验室定期清洁制度,按照内容分工、区域包干的形式进行卫生大扫除,每天一小扫、一周一大扫,定期开展卫生检查。有专人进行带有致病微生物的消毒灭菌工作,对实验中废弃的培养基和器具要进行严格高压蒸汽灭菌,做好清洗工作,同时做好相应的记录,最后做好相应工作总结,负责人要做好定期检验,验收各项管理进程和执行情况。食品微生物实验室应建立微生物实验室的灭蝇、除蟑螂和其他害虫的防治计划,室内安装灭蝇灯和紫外灯等,防止因有害昆虫而引起实验室内细菌、病毒向外传播的可能性。

为确保实验人员的安全,也避免检测环境设施影响实验结果,食品微生物实验室的管理与设计要依照 GB 19489—2008《实验室 生物安全通用要求》进行,并要严格遵守下面的几点要求:①病原微生物分离鉴定工作应在二级或以上生物安全实验室进行;②食品样品检验应在洁净区域进行,洁净区域应有明显标示;③实验室内环境的温度、湿度、洁净度及照度、噪声等应符合工作要求;④实验室工作面积和总体布局应能满足从事检验工作的需要,避免交叉污染;⑤实验区域应与办公区域明显分开;⑥实验室环境不应影响实验结果的准确性。

### 3.食品微生物实验室的仪器设备管理要求

食品微生物实验室常用的主要设备有:①无菌操作设备,比如高压蒸汽灭菌锅、手提式灭菌锅、超净工作台等;②温控设备,比如培养箱、水浴锅、冰箱等;③测量设备,比如电子分析天平、菌落计数器、电子计时器等;④定容设备,比如微量移液管、容量瓶、量筒等;⑤分离设备,比如低速离心机、高速冷冻离心机等;⑥观察设备,比如光学显微镜、荧光显微镜等。针对不同设备采取不同的使用和管理的方法,将设备的操作使用方法挂到设备附近的墙上,便于阅读操作。在设备管理的过程中,需要对设备的运行参数、性能参数等进行检查,确保其符合指标要求。应定期检验设备的运行参数,达到规定的性能参数,符合相关指标要求。出现故障的设备,要立即停止使用,在设备旁设置显著的"故障"提示,立即登记并联系厂家维修。

实验室的全部设备要做好设备信息登记(包括设备名称、购置时间、生产厂商、设备型号等信息),配有使用情况登记表,这样能实时监测设备的运行情况,做好设备维护工作。对于一些仪器设备在操作上有特殊要求的,建议在设备旁注明相应的注意事项,比如超净工作台旁边明确写明"操作时关闭紫外灯!"另外,一些设备需要定期维护,比如,高压蒸汽灭菌锅必须定期进行安全测试,超净工作台必须定期进行紫外线强度测试。

### 4.实验样品的采集和处理规范

食品微生物研究或检测样品对运输和储存温度、时间等因素比较敏感,采样过程中要严防外部污染,一定要遵照无菌操作,储存和运输应满足相应的条件,还要做好详细的记录。需要详细记录的信息一般涉及样品来源、采样时间、采样条件、检测日期、检测条件等。样品在采样后,应尽快按照标准方法进行检测,避免时间过长对于样品性质的影响。实验人员要详细记录样品状况,并明确记录在实验报告中。由于样品标签和包装可能被污染,储运过程中应避免污染和扩散。在实验前要考虑样品中微生物分布的不均匀性。对实验室样品已被严重污染的,要做弃前的去污处理。

# 目 录

# 一、基础微生物学实验

# 实验一　光学显微镜的使用

## 1.实验目的

(1)了解普通光学显微镜的基本结构,能够辨认显微镜的各个部件。
(2)掌握普通光学显微镜的正确使用和维护方法。
(3)掌握利用显微镜观察不同微生物的基本技能。

## 2.实验器材

普通光学显微镜、香柏油、二甲苯、擦镜纸、已制备好的细菌或真菌等染色装片。

## 3.实验原理

微生物个体极其微小,菌体透明,必须借放大倍率较高的显微镜才能观察到形态及结构。显微镜可分为电子显微镜和光学显微镜两大类。光学显微镜包括:明视野显微镜、暗视野显微镜、相差显微镜、偏光显微镜、荧光显微镜、立体显微镜等。其中明视野显微镜为最常用普通光学显微镜,其他显微镜都是在此基础上发展而来的,基本结构相同,只是在某些部分作了一些改变。明视野显微镜简称显微镜。

### 3.1 普通光学显微镜的结构

现代普通光学显微镜利用目镜和物镜两组透镜系统成像,又称为复式显微镜,包括机械部分和光学部分两部分(见图 1-1 和图 1-2)。
(1)机械部分包括:
①镜座:在显微镜的底部,呈马蹄形、长方形等。
②镜臂:连接镜座和镜筒之间的部分,呈圆弧形,作为移动显微镜时的握持

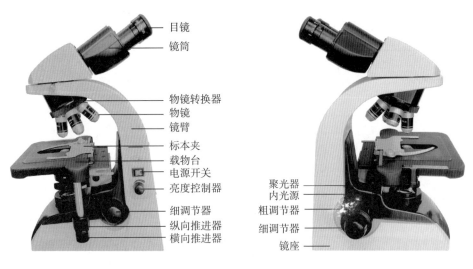

图 1 - 1　显微镜构造图

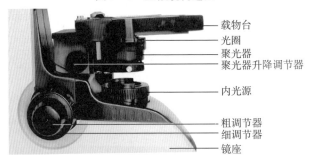

图 1 - 2　显微镜局部构造图

部分。

③镜筒:位于镜臂上端的空心圆筒,是光线的通道。镜筒的上端可插入接目镜,下面可与转换器相连接。镜筒的长度一般为 160mm。

④物镜转换器:位于镜筒下端,是一个可以旋转的圆盘,有 3 ~ 4 个孔,用于安装不同放大倍数的接物镜。

⑤载物台:支撑被检标本的平台,中央有孔可透过光线,台上有用来固定标本的夹子和标本推进器。

⑥调节器:包括粗调节器和细调节器,可调节载物台或镜筒上下移动的装置。

(2)光学系统包括:

①物镜:显微镜中最重要的部分,由多块透镜组成。作用是将标本上的待检物放大,形成一个倒立的实像。一般显微镜有 3 ~ 4 个物镜,因使用方法不同分

为干燥系和油浸系。干燥系物镜包括低倍物镜(4 ×、10 ×)和高倍物镜(40 ×、45 ×),使用时物镜与标本之间的介质是空气;油浸系物镜(90 ×、100 ×)在使用时,油镜的焦距和工作距离最短,油镜与其他物镜不同的是载玻片与物镜之间隔是一层油脂,因此称为"油浸系"。由于香柏油与玻璃的折光率相似(香柏油为1.515,玻璃为1.52)。镜检时,滴加香柏油的作用是使光源尽可能多的进入物镜中,避免光线通过折光率低的空气(折光率为1.0)而散失,因而能提高物镜的分辨率,使物像明亮清晰。

②目镜:多由2~3块透镜组成。其作用是将由物镜所形成的实像进一步放大,并形成虚像而映入眼底视网膜。一般显微镜的标准目镜是10 ×。

③聚光镜:位于载物台的下方,由两个或几个透镜组成,作用是将由光源来的光线聚成一个锥形光柱。聚光镜可以通过位于载物台下方聚光器升降调节器的转动进行上下调节,以求得最适光度。聚光器还附有光圈,可调节锥形光柱的角度和大小,以控制进入物镜的光量。适当调小聚光圈对透明、较为立体的目标观察效果能够起到一定优化作用。

④光源:日光和灯光均可。目前大部分显微镜采用装在底座的内光源。

## 3.2 普通光学显微镜的基本原理

显微镜的放大效能(分辨率)是由所用光波长短和物镜数值口径决定,缩短使用的光波波长或增加数值口径可以提高分辨率,可见光的光波幅度比较窄,紫外光波长短可以提高分辨率,但肉眼无法直接观察。所以利用减小光波长来提高光学显微镜分辨率是有限的,提高数值口径是提高分辨率的理想措施。要增加数值口径,可以提高介质折射率。显微镜总的放大倍数是目镜和物镜放大倍数的乘积,物镜的放大倍数越高,分辨率越高。

## 3.3 显微镜的性能

衡量显微镜性能的指标主要是显微镜的分辨率,这极大的依赖于物镜的分辨能力,物镜的分辨力是所用光的波长和物镜数值口径的函数,以镜头所能分辨出的两点间的最小距离表示,距离越小,分辨能力越好。公式表示:

$$D = \frac{1}{2} \frac{\lambda}{N.A}$$

物镜的数值口径,简写为(N.A):表示从聚光镜发出的锥形光柱照射在观察标本上,能被物镜所聚集的量。可用公式表示:

$$N. A = n\sin\theta$$

式中:$n$——标本和物镜之间介质的折射率;

　　　$\theta$——由光源投射到透镜上的光线和光轴之间的最大夹角。

　　光线投射到物镜的角度越大,数值口径就越大。如果采用一些高折射率的物质作介质,如使用油镜时采用香柏油作介质,数值口径增大,提高分辨能力。物镜镜筒上标有数值口径,低倍镜为 0.25,高倍镜为 0.65,油镜为 1.25。实际使用时,实际效果往往低于所标值。物镜标示见图 1-3。

Plan:平场物镜

40:放大倍数

0.65:数值口径

∞:镜筒长度要求

0.17:盖玻片厚度

图 1-3　物镜标示说明图

# 4.实验步骤

## 4.1 观察前的准备

　　(1)一手握住镜臂,一手托住镜座,保持显微镜直立状态。平稳地把显微镜放在实验台上,镜座距实验台边缘 3～5cm。安装好目镜和物镜。

　　(2)转动物镜转换器,打开开关,使低倍物镜(一般为 4×)对准通光孔。掰动目镜镜筒使之适合观察者瞳距,调节至双眼可视范围内只有一个光圈目标为止。

　　(3)接通电源,根据所用物镜的放大倍数,调节光亮度调节钮、调节虹彩光圈的大小,使视野内的光线均匀、不刺眼。

## 4.2 样本的观察

　　(1)将被检样片放到载物台上,用标本夹夹住,样片标本处正对通光孔。观察应遵从低倍镜到高倍镜再到油镜的观察程序,因为低倍镜视野较大,易发现目标及确定检查的位置。

　　(2)转动粗调节器,使载物台缓缓上升(或镜筒缓缓下降)。转动推进器微调样本使之处于视野正中央。对焦清晰后,旋转旋转器,将 10×物镜调至光路中央。旋转细调节器,进行对焦观察。或从侧面注视小心调节物镜接近标本片,然后用目镜观察,转动粗调节器慢慢降载物台,使标本在视野中初步聚焦,再使用细调节器调节至图像清晰。认真观察标本并记录所观察的结果,此时调焦时只应降载物台(或升镜筒),以免误操作而损坏镜头。

(3)在低倍镜下找到合适的观察目标并将其移至视野中心,转动物镜转换器将高倍镜移至工作位置。对聚光镜光圈及视野亮度进行适当调节后微调细调节钮使物像清晰,仔细观察并记录。

(4)油浸镜观察时,在高倍镜或低倍镜下找到要观察的样品区域,用转动粗调节器先降载物台,将油镜转到工作位置,在标本区域加一滴香柏油,从侧面注视,用粗调节钮将载物台小心地上升,使油浸镜浸在香柏油并几乎与标本片相接,打开光圈,转动粗调节器慢慢地降载物台(或升镜筒)至视野中出现图像,再转动细调节器直至清晰为止,仔细观察并做记录。若期间镜头脱离油滴,必须重新进行上述调焦工作。

### 4.3 显微镜的维护

(1)观察结束后,先降载物台,取下载玻片。将亮度调节至最低,关闭电源。

(2)用擦镜纸分别擦拭物镜和目镜。

(3)用擦镜纸拭去镜头上的油,然后用擦镜纸蘸少许二甲苯擦去镜头上残留的油迹,最后再用干净的擦镜纸擦去残留的二甲苯。

(4)将各部分还原,将物镜转成"八"字形。套上镜罩。

(5)把显微镜放回原处。

## 5.注意事项

(1)观察任何样本都应先用低倍镜(4×、10×)搜寻,确定大致位置后再转换到高倍镜或者油镜。

(2)近视或远视者无论戴眼镜与否均可通过显微镜的聚焦功能获得清晰视野。但配戴眼镜者应注意不要使镜片与目镜镜头接触,以免刮花镜片或镜头。

(3)显微镜使用时应双眼睁开进行观察或绘图。

(4)二甲苯等清洁剂会对镜头造成损伤,不应长时间停留在镜片周围或使用过量导致其残留。不应使用除擦镜纸外其他纸张擦拭镜头,防止出现刮痕、残留、污染等。

## 6.思考题

（1）为什么在用高倍镜和油镜观察标本之前要先用低倍镜进行观察？直接采用高倍镜观察有什么后果？

（2）如何调节视野中光的强弱？

（3）油镜使用过程中,滴加香柏油的作用是什么？

# 实验二　细菌的形态与观察

## 1.实验目的

（1）学习并掌握细菌悬滴法样本、压滴法样本的制作方法。

（2）观察并掌握不同细菌形态。

## 2.实验器材

### 2.1 实验菌种

大肠杆菌（*Escherichia coli*）、枯草芽孢杆菌（*Bacillus subtilis*）、金黄色葡萄球菌（*Staphylococcus aureus*）肉汤培养 12～18h 的菌液。

### 2.2 实验试剂

香柏油、二甲苯、凡士林。

### 2.3 实验器皿

载玻片、盖玻片、接种环、普通光学显微镜、擦镜纸,接种环、胶头滴管,小镊子。

## 3.实验原理

细菌的形态微小,肉眼无法直接观测到。借助显微镜,人们观察发现细菌个体基本形态为球形、杆状和螺旋形,其中以杆状细菌最为常见。活细胞通常无色或者完全透明,有时可以通过明视野显微镜或相差显微镜直接观察,对于细菌运动性观察有特殊优势(见图2-1)。

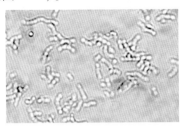

图2-1  光学显微镜(×400)视野下嗜热链球菌

细菌因培养基成分、浓度、温度、培养时间等生长环境影响可能呈现的形态差异很大。但在特定环境条件下,生长较为旺盛的幼龄细菌菌体(18~24h)形态较为整齐和明确。菌体形态观察对细菌的分类、鉴定有重要意义。

## 4.实验步骤

### 4.1 压滴法标本制作

(1)接种2~3环菌液于清洁载玻片中央,用小镊子夹住盖玻片1片,将盖玻片一端接触菌液,另一端缓缓放下直至覆盖整片菌液,应防止出现气泡。

(2)将载玻片放到载物台用标本夹夹住,先用低倍镜观察,找到细菌所在位置后再换高倍镜,可以观察细菌形态、有无运动能力。

### 4.2 悬滴法标本制作

(1)取2张清洁凹玻片,在凹窝四周涂少许凡士林。

(2)用接种环取1环培养物置于盖玻片中央,将凹玻片倒扣于盖玻片上,凹窝应正对菌液。

(3)迅速反转载玻片,用小镊子轻压,使凡士林紧密黏合玻片。

(4)将低倍镜转到悬液边缘,对焦后再换高倍镜。可适当缩小光圈,提高观察效果。

## 5.注意事项

(1)标本制作完成后应尽快观察,以免因水分蒸发影响观察结果。

(2)滴液存在一定厚度,显微镜下部分菌体可能因观察角度不同而呈现不同外观。

## 6.思考题

(1)细菌的运动与分子进行布朗运动差别是什么?

(2)为什么要进行不染色标本检查?

# 实验三　细菌的革兰氏染色

## 1.实验目的

(1)了解革兰氏染色的原理。

(2)了解并掌握革兰氏染色的步骤。

(3)掌握细菌涂片的方法。

## 2.实验器材

### 2.1 实验菌种

嗜热链球菌(*Streptococcus thermophilus*)、保加利亚乳杆菌(*Lactobacillus bulgaricus*)、金黄色葡萄球菌(*Staphylococcus aureus*)菌落平板或18~24h培养液。

## 2.2 实验试剂

革兰氏染色液(结晶紫染液、卢戈氏碘液、95%乙醇、石炭酸复红液等)、香柏油、二甲苯。

## 2.3 实验器材

普通光学显微镜、擦镜纸、接种环、载玻片、吸水纸、试管、小滴管、酒精灯。

# 3.实验原理

革兰氏染色是微生物实验中最有价值的检测方法,染色范围广,几乎所有的细菌都能采用该法进行染色,部分真菌、寄生虫等也可采用这种操作染色。但没有细胞壁结构的微生物或体积更小的微小生物则不能用革兰氏染色鉴定。

革兰氏染色通过结晶紫初染和碘液媒染,在细胞壁内形成了不溶于水的结晶紫与碘的复合物,革兰氏阳性菌(用 $G^+$ 表示)由于细胞壁较厚、肽聚糖网层次较多且交联致密,遇乙醇或丙酮脱色处理时,因失水使网孔缩小,再加上细胞壁不含类脂,经乙醇处理后不会出现缝隙,因此能把结晶紫与碘复合物牢牢束缚在细胞壁内,呈蓝紫色。经番红等红色染料复染,因蓝紫色颜色比红色深,红色无法覆盖,最终使菌体呈现出蓝紫色,实际应为蓝紫 + 红色;革兰氏阴性菌(用 $G^-$ 表示)细胞壁结构与革兰氏阳性菌差异较大,其细胞壁薄、外膜层类脂含量高、肽聚糖层薄且交联度差,在遇脱色剂后,以类脂为主的外膜迅速溶解,薄而松散的肽聚糖网不能阻挡结晶紫与碘复合物的溶出,因此通过乙醇脱色后呈无色,再经番红等红色染料复染,就使革兰氏阴性菌呈粉红色或红色(见图 3 - 1 至图 3 - 4)。

但并不是所有的菌体都能通过革兰氏染色得到明确结果。菌体培养时间过长,革兰氏阳性菌可能呈现革兰氏阴性菌特征。同一培养物中可能出现一些细胞呈革兰氏阳性,另一些呈革兰氏阴性。一些老旧、垂死细胞可能出现细胞壁崩塌,从而呈现革兰氏阴性。因此,细菌的培养应在严格控制的条件下,以幼龄细胞做染色对象为宜。

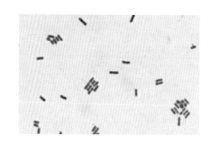

图3-1 光学显微镜(×1000)视野下保
加利亚乳杆菌(G⁺)革兰氏染色结果。

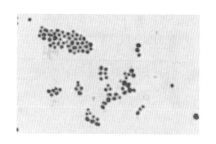

图3-2 光学显微镜(×1000)视野下金
黄色葡萄球菌(G⁺)革兰氏染色结果。

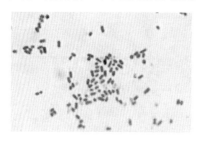

图3-3 光学显微镜(×1000)视野下沙
门氏菌(G⁻)革兰氏染色结果。

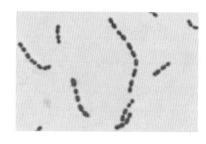

图3-4 光学显微镜(×1000)视野下嗜
热链球菌(G⁺)革兰氏染色结果。

## 4.实验步骤

### 4.1 涂片及固定

(1)取两块载玻片,各滴一小滴蒸馏水于玻片中央,用接种环以无菌操作分别从培养好的菌落(不同菌培养时间不同)斜面上挑取少量菌于水滴中,混匀并涂成薄膜。注意载玻片应洁净无油迹;滴蒸馏水和取菌不宜多;涂片要均匀,不宜过厚。如果染色对象为菌液,直接将培养物摇匀后吸取一滴,用接种环摊开涂成薄层。

(2)将标本面向上,手持载玻片一端的两侧,小心地在酒精灯上高处微微加热,使水分蒸发,但切勿紧靠火焰或加热时间过长。也可采用电吹风进行干燥,但应注意出风口温度不宜过高,以不烫手为宜。

(3)固定常常利用高温,手持载玻片的一端,标本向上,在酒精灯火焰处尽快地来回通过2~3次,共2~3s,并不时以载玻片背面加热触及皮肤,不觉过烫为宜(不超过60℃),放置待冷后,进行染色。

## 4.2 革兰氏染色

革兰氏染色法包括初染、媒染、脱色、复染四个步骤,具体操作方法为:

(1)初染:在已固定片菌体所在位置上滴加结晶紫染液,保持1min,用流水洗去剩余染料,至洗下的水无色为止。

(2)媒染:滴加卢戈氏碘液,保持1min后流水冲洗,至洗下的水无色为止。

(3)脱色:滴加95%乙醇脱色,轻轻摇动玻片至紫色不再加深为止(根据涂片厚薄差异,脱色需时15~30s),水洗5s左右,清洗结束时洗下的水应为无色。

(4)复染:滴加石炭酸复红液复染2~3min,水洗5s左右。

(5)用滤纸吸去残水,待标本完全干燥后置显微镜下进行观察。先用低倍镜观察,发现菌体后调整目标在视野的位置,滴一滴香柏油在玻片上,转换物镜至油镜,观察细菌的形态及颜色,注意现象记录。

## 5.注意事项

(1)正常情况下,革兰氏阳性菌染成蓝紫色,革兰氏阴性菌染成红色或淡红色。

(2)时间对脱色影响较大。脱色时间过长,脱色过度,革兰氏阳性菌可能被染成阴性菌;脱色时间不够,可能使革兰氏阴性菌被染成阳性菌。

(3)涂片务求均匀,切忌过厚。

(4)抹片滴上染色液后,应用流水将染液充分洗去,以免发生沉渣黏附,影响染色效果。

## 6.备注

(1)结晶紫染色液:结晶紫1g,95%乙醇20mL,1%草酸铵水溶液80mL。先将结晶紫溶解于95%乙醇,再与草酸铵溶液混合。

(2)卢戈氏碘液:碘1g,碘化钾2g,蒸馏水300mL。先将碘化钾2g加水30mL使其溶解,再将研碎碘片1g加入,完全溶解后再加足量的蒸馏水,使总体积为300mL。

(3)脱色液:95%酒精。

(4)石炭酸复红液:

碱性复红原液:碱性复红粉末10g,加95%酒精100mL。

石炭酸复红原液:碱性复红原液10mL,5%石炭酸液90mL混合,放置过夜后过滤,滤液在储褐色瓶中储藏备用。

石炭酸复红液:石炭酸复红原液10mL、蒸馏水90mL混合后,即为石炭酸复红液。

## 7.思考题

(1)涂片后为什么要进行固定?
(2)革兰氏染色法的重要作用是什么?
(3)脱色时间过长有什么后果?
(4)是否染色结果为淡红色的细菌一定是革兰氏阴性菌?

# 实验四 细菌的荚膜染色法

## 1.实验目的

(1)学习荚膜形态特征在细菌分类研究中的意义。
(2)掌握荚膜染色方法,观察细菌荚膜的形态。

## 2.实验器材

### 2.1 实验菌种

菌种:在Ashby无氮培养基上培养胶质芽孢杆菌(*B. mucilaginosus*),培养时间2天。

### 2.2 实验试剂

石碳酸复红液、黑色素液、95%乙醇。

## 2.3 实验器材

载玻片、盖玻片、接种环、显微镜。

# 3.实验原理

细菌的组成结构可分为两种类型,一种是不变部分或基本结构,如细胞壁、细胞膜、细胞核和核糖体,为各种细菌细胞所共有;另一种是可变部分或特殊结构,如鞭毛、菌毛、荚膜、芽孢和气泡等,这些结构只在部分细菌细胞中可见,可作为细菌分类依据。

荚膜(见图4-1)是某些细菌在一定条件下,于细胞壁的外面覆盖一层疏松透明的黏性物质。荚膜的厚度因菌种不同或环境不同而有差异,一般可达200nm。产生荚膜的细菌,通常是每个细菌体外包围一层荚膜,但有时多个细菌存在于一个共同的荚膜内,称为菌胶团。

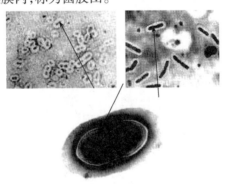

图4-1 细菌的荚膜

荚膜的生理功能主要有:①加强细菌的致病力,致病菌的荚膜在动物体内具有保护细菌,使其不易被白细胞吞噬;②荚膜是养料贮藏库,可以供作碳和能量的来源,尤其当营养缺乏时,细菌可以直接利用荚膜多糖,或将其改变成可以利用的形式;③堆积废物之用;④抵抗干燥的作用。荚膜不是细菌的主要结构,而是细菌由细胞壁分泌的糖类衍生物或多肽聚积而成,如将荚膜除去,并不影响细菌的生存。

产生荚膜的细菌所形成的菌落常为光滑透明,称为光滑型(S-型)菌落。不产生荚膜的细菌所形成的菌落表面粗糙,称为粗糙型(R-型)菌落。细菌是否形成荚膜,即受遗传特性的决定,也与环境条件有关,如肠膜状明串珠菌只有在含糖量高、含氮量低的培养基中,才产生大量的荚膜物质,又如炭疽杆菌只是在被它所感染的动物体内才形成荚膜。

　　荚膜的主要成分是水分、多糖,少数革兰氏阳性细菌的荚膜是单一的多肽。某些细菌如巨大芽孢杆菌的荚膜,是以多糖组成网状结构的基架,而其间隙则以谷酰基多肽填充。炭疽杆菌的荚膜主要是多肽。志贺氏杆菌的荚膜是多糖、类脂类与蛋白质的复合物。荚膜折光率低,它与染料亲和力很弱,不容易染上色,需采用特殊的荚膜染色技术才能观察清楚。常用的染色方法有负染色法,也称衬托染色法。这种方法使菌体和背景显色,以衬托出无色的荚膜。荚膜溶于水,因此在染色过程中,要少加水。荚膜经加热后,容易失水而皱缩变形,所以不能加热固定,可以用甲醇或乙醇固定。

## 4.实验步骤

　　(1)涂片:将载玻片提前洗净晾干。在超净工作台上,向载玻片中央滴加一滴蒸馏水,用接种环取少量菌体,在蒸馏水中混匀菌体涂成薄层,自然晾干。

　　(2)固定:向菌体层滴加 1 滴 95% 乙醇固定 1min,晾干。

　　(3)荚膜染色:滴加两滴石碳酸复红液染色 1min,用水轻轻冲洗,晾干。

　　(4)涂背景:从载玻片一端滴加 1 滴黑色素液,新取一载玻片,将其一端放于黑色素液滴中,以 45°倾斜角向载玻片另一端轻轻滑动,进行样品涂片,自然晾干。

　　(5)显微镜检:在油镜下观察染色结果。背景呈现淡淡的灰色,细胞显示出红色,而荚膜则是中间无色的透明一圈。

## 5.思考题

　　绘制出显微镜观察到的荚膜形态。结合实验操作过程,总结荚膜染色的注意要点。

# 实验五　细菌的芽孢染色法

## 1.实验目的

　　(1)学习芽孢形态特征在细菌分类研究中的意义。

　　(2)掌握细菌芽孢染色方法,观察染色后芽孢的形态。

## 2.实验器材

### 2.1 实验菌种
枯草芽孢杆菌、蜡样芽孢杆菌、巨大芽孢杆菌菌种。

### 2.2 实验试剂
LB 固体培养基、5%孔雀绿液、石炭酸复红液、乙醇丙酮液。

### 2.3 实验仪器
显微镜、试管、培养皿、盖玻片、载玻片、滴管、接种环、蒸馏水、酒精灯等。

## 3.实验原理

　　某些细菌在其生活史的一定阶段,在其营养细胞内形成一个内生孢子,称为芽孢,带有芽孢的菌体叫芽孢囊。形成芽孢的杆菌都包括在芽孢杆菌科内,内含芽孢杆菌属和梭状芽孢杆菌属。此外,螺旋菌、弧菌和八叠球菌几属内,也有少数菌种能形成芽孢。芽孢有高度的折光性,并且很难着色,必须用特殊的染色法,才能观察到。

　　芽孢的形状、大小和在菌体内的位置,是鉴定细菌时的重要依据。芽孢通常呈圆形、椭圆形或圆筒形。芽孢在菌体内的位置可以是位于中央、顶端或中央和顶端之间。有以下几种情况:①芽孢在细胞中央其直径大于菌体直径时,则细胞呈梭状,如丙酮丁醇梭状芽孢杆菌、肉毒梭状芽孢杆菌;②芽孢在细胞顶端若其直径大于细胞直径时,细胞呈鼓槌状,如克氏梭状芽孢杆菌;③芽孢直径小于细胞直径时,则细胞不变形,如枯草芽孢杆菌、苏云杆菌等。

　　细菌能否形成芽孢,是由该菌的遗传特性决定的,是细菌生活史的一个阶段。芽孢形成的环境条件可能有:不适于生长的环境,缺乏营养物质和累积代谢物质过多,但也有的细菌,如苏云杆菌的芽孢需在含大量有机氮的营养丰富的培养基中形成。芽孢的形成过程可分为:①细胞质浓缩;②芽孢壁(膜)形成;③芽孢游离三个部分。芽孢对高温、低温、干燥、化学物质有强大的抵抗力,这主要与它的含水量低、含大量DPA以及存在致密而不透水的芽孢壁有关。在适宜时候,芽孢通过中部、顶部向斜上方萌发的方式产生新菌体,称为芽孢的萌发。细菌芽孢见图 5 – 1。

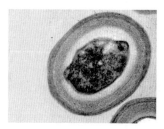

图 5 – 1　细菌的芽孢

研究细菌的芽孢,除了有助于分类鉴定外,更有生产实践意义。由于芽孢含水量较营养细胞少,代谢活动极低,具有致密而不易渗透的芽孢壁,所以芽孢对化学药品、干燥和高温等具有高度的抵抗力,因此,在评定这些因素的杀菌效果时,就要以它能否杀死最顽固的芽孢杆菌为标准。

## 4.实验步骤

(1)菌体的准备:利用固体培养基接种枯草芽孢杆菌、蜡样芽孢杆菌或巨大芽孢杆菌菌种,培养 24 ~ 36h,作为染色菌种。

(2)涂片:将载玻片提前洗净晾干。在超净工作台上,向载玻片中央滴加一滴蒸馏水,用接种环取少量菌体,在蒸馏水中混匀菌体涂成薄层,自然晾干,加热固定,冷却。

(3)初染:向载玻片涂样处滴加几滴孔雀绿染色液。在酒精灯火焰高处慢慢加热至冒出蒸汽,注意随时加染液,防止沸腾或蒸干。加热 8 ~ 10min,流水慢慢冲洗脱色,至绿色冲洗干净。

(4)复染:用石炭酸复红液复染 0.5 ~ 1min,水洗冲干。

(5)显微镜检:在油镜下观察芽孢染色结果。菌体呈现绿色,芽孢呈现红色。

## 5.思考题

绘制出显微镜下观察到的芽孢形态和着生位置。结合实验操作过程,总结芽孢染色的注意要点。

# 实验六　细菌的鞭毛染色法

## 1.实验目的

(1)学习鞭毛形态特征,了解其在细菌分类中的意义。
(2)掌握细菌鞭毛染色方法,观察染色后鞭毛的形态。

## 2.实验器材

### 2.1 实验菌种
荧光假单胞菌、普通变形杆菌、巨大芽孢杆菌菌种。

### 2.2 实验试剂
LB 固体培养基、硝酸银鞭毛染液 A 与染液 B,95% 乙醇、蒸馏水。

### 2.3 实验仪器
显微镜、试管、培养皿、盖玻片、载玻片、滴管、接种环、蒸馏水、酒精灯等。

## 3.实验原理

在一些种类细菌的表面,长着一种纤细且呈波曲的丝状物称为鞭毛(见图6-1)。鞭毛着生在细胞质内的基粒上,穿过细胞膜而伸到外部,由鞭毛丝、鞭毛钩、基体三部分组成。鞭毛的长度,可超过细菌菌体长度的几倍,其直径较小,一般不超过菌体直径的 1/20(20~25nm),在最短的可见光的波长以下。所以在悬滴培养下或采用普通染色法,在光学显微镜下是不能观察到的,只有用电子显微镜才能观察到鞭毛。采用特殊染色法即鞭毛染色技术,可以使染料堆积在鞭毛上,以增加鞭毛的宽度,使其可用光学显微镜观察到。鞭毛着生的位置和数目是细菌分类学特征之一,具有鉴定意义。

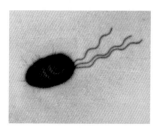

图6－1　细菌的鞭毛

　　细菌的鞭毛位置、数目常见有单生、丛生和周生等类型。单生鞭毛有偏端单毛菌,即在菌体的一端长一根鞭毛,如霍乱弧菌,也有两端单毛菌,即在菌体两端各长一根鞭毛,如鼠咬热螺旋体(菌)。丛生鞭毛有偏端丛毛菌,即在菌体一端长一束鞭毛,如铜绿色假单胞杆菌,也有两端丛毛菌,即在菌体两端各长一束鞭毛,如红色螺旋体(菌)。周生鞭毛菌,即菌体周生鞭毛,如枯草杆菌和大肠杆菌等。

　　鞭毛是细菌的运动器官,它的着生状态往往决定了菌体的运动特点。一端着生鞭毛的细菌,常是直线运动,有时仅显轻微摆动;周生鞭毛菌,常是不规则运动,而且伴随活跃的滚动。细菌一般在液体中运动,特别活跃的细菌如变形杆菌属的菌种,能在固体培养基表面薄层水膜内行动,迅速蔓延到整个培养基表面。

## 4.实验步骤

　　(1)菌体的准备:利用固体培养基接种枯草芽孢杆菌鞭毛周生、铜绿假单胞菌(鞭毛端生),培养24～36h,作为染色菌种。

　　(2)制片:将载玻片提前洗净晾干。在超净工作台上,向载玻片中央滴加一滴蒸馏水,用接种环取少量菌体,在蒸馏水中混匀菌体涂成薄层,自然晾干,加热固定,冷却。

　　(3)染色:向载玻片涂样处滴加硝酸银染液A覆盖菌体表面3～5min,然后用蒸馏水充分洗去染液A,除去残留水分,再滴加B液覆盖菌体表面染色1min,操作中可以微火加热。在菌体出现褐色时,用蒸馏水冲洗,自然干燥。

　　(4)显微镜检:在油镜下观察芽孢染色结果。菌体呈深褐色,鞭毛呈浅褐色。

## 5.思考题

绘制出显微镜下观察到的鞭毛形态和着生位置。结合实验操作过程,总结鞭毛染色的注意要点。

# 实验七　酵母菌的形态观察与大小测定

## 1.实验目的

(1)学习酵母菌的制片方法,观察酵母菌的基本形态。
(2)了解酵母菌的繁殖方式。
(3)掌握镜台测微尺的原理及使用方法。

## 2.实验器材

### 2.1 实验菌种

酿酒酵母(*Saccharomyces cerevisiae*)菌种。

### 2.2 实验试剂

克氏培养基或麦氏培养基的试管斜面、石炭酸复红染色液、美蓝染色液、3%的酸性酒精。

### 2.3 实验仪器

显微镜、目镜测微尺、镜台测微尺、盖玻片、载玻片、滴管、接种环、蒸馏水等。

## 3.实验原理

酵母菌的有性繁殖一般产生子囊孢子,形成过程为:两营养细胞各伸出一个小突起而相互接触,使两个细胞结合起来,而后接触处的细胞溶解,经质配和核配后,形成双倍体核,原来的细胞形成合子。此双倍体细胞可以进行芽殖。在适宜条件下,合子减数分裂,双倍体核分裂为 4 ~ 8 个单倍体核,核外再围以原生质逐渐形成子囊孢子,包含在由母细胞壁演变而来的子囊(即原来的二倍体细胞)中。子囊孢子的形成与否及其数量和形状,是鉴定酵母菌的依据之一。

将酿酒酵母(Saccharomyces cerevisiae)从营养丰富的培养基上移植到含有醋酸钠和葡萄糖(或棉籽糖)的产孢培养基上,于适温下培养,可诱导其子囊孢子的形成。本实验即以酿酒酵母为材料,观察酵母菌的子囊孢子。

微生物细胞的大小,是微生物重要的形态特征之一。由于菌体很小,只能在显微下来测量。用于测量微生物细胞大小的工具有目镜测微尺和镜台测微尺。目镜测微尺是一块圆形玻片,在玻片中刻有精确等分的刻度。测量时将其放在接目镜中的板上来测量经显微镜放大后的细胞物像。由于不同的显微镜放大倍数不同,同一显微镜在不同的目镜、物镜组合下,其放大倍数也不相同,而目镜测微尺处在目镜的隔板上,每格实际表示的长度不随显微镜的总放大倍数的放大而放大,仅与目镜的放大倍数有关,只要目镜不变,它就是定值。显微镜下的细胞物像是经过了物镜、目镜两次放大成像后才进入视野的,即目镜测微尺上刻度的放大比例与显微镜下细胞的放大比例不同,只是代表相对长度,所以使用前须用置于镜台上的镜台测微尺校正,以求得在一定放大倍数下实际测量时的每格长度。

镜台测微尺是中央部分刻有精确等分线的载玻片,一般将 1mm 等分为 100格,每格长 $10\mu m$(即 $0.01mm$),是专用于校正目镜微测尺每格长度的,校正时,将镜台测微尺放在载物台上。由于镜台测微尺与细胞标本是处于同一位置,都要经过物镜和目镜的两次放大成像进入视野,即镜台测微尺随着显微镜总放大倍数的放大而放大,因此从镜台测微尺上得到的读数就是细胞的真实大小,所以用镜台测微尺的已知长度在一定放大倍数下校正目镜测微尺,即可求出目镜测微尺每格所代表的长度。然后移去镜台测微尺,换上待测标本片,用标定好的目镜测微尺在同样放大倍数下测量微生物大小。

# 4.实验步骤

## 4.1 孢子的培养

将酿酒酵母用马铃薯培养基活化2~3代后,接种于克氏或麦氏斜面培养基上,于25℃培养3~7天,即可形成子囊孢子。

## 4.2 制片与观察

于载玻片上加蒸馏水一滴,取子囊孢子培养体少许放入水滴中制成涂片,让其干涸后用石炭酸复红染色液加热染色5~10min(不能沸腾),倾去染液,用酸性酒精冲洗30~60s脱色,再用水洗去酒精,最后加美蓝染色液染色,数秒后用水洗去,用吸水纸吸干后置显微镜下镜检。子囊孢子为赤色,菌体为青色,绘图加以说明。

## 4.3 目镜测微尺的校准

把目镜上的透镜旋下,将目镜测微尺的刻度朝下轻轻地装入目镜的隔板上,把镜台测微尺置于载物台上,使刻度朝上。先用低倍镜观察,对准焦距,视野中看清镜台测微尺的刻度后,转动目镜,使目镜测微尺与镜台测微尺的刻度平行,移动推动器,使两尺重叠,再使两尺的"0"刻度完全重合,定位后,仔细寻找两尺第二个完全重合的刻度。计数两重合刻度之间目镜测微尺的格数和镜台测微尺的格数。因为镜台测微尺的刻度每格长 10μm,所以由下面的实例可以算出目镜测微尺每格所代表的长度。

例如目镜测微尺5小格等于镜台测微尺2小格,已知镜台测微尺每小格为 10μm,则2小格的长度为 $2 \times 10\mu m = 20\mu m$,那么相应地在目镜测微尺上每小格长度为4μm。

由于不同显微镜及附件的放大倍数不同,因此校正目镜测微尺必须针对特定的显微镜和附件(特定的物镜、目镜、镜筒长度)进行,而且只能在这特定的情况下重复使用。当更换不同放大倍数的目镜或物镜时,必须重新校正目镜测微尺每一格所代表的长度。

### 4.4 酵母菌细胞大小的测定

将酵母菌斜面制成一定浓度的菌悬液。取一滴酵母菌悬液制成水浸片。移去镜台测微尺,换上酵母菌水浸片,先在低倍镜下找到目的物,然后在高倍镜下用目镜测微尺来测量酵母菌菌体的长、宽各占几格(不足一格的部分估计到小数点后一位数)。测出的格数乘以目镜测微尺每格的长度,即等于该菌的大小。

一般测量菌的大小要在同一个涂片上测定 10~20 个菌体,求出平均值才能代表该菌的大小,而且一般是用对数生长期的菌体进行测定。

## 5.思考题

结合实验操作过程,总结细胞大小测定的注意事项。

# 实验八　霉菌计数法

## 1.实验目的

了解霉菌计数的基本操作。

## 2.实验器材

### 2.1 实验试剂

高盐察氏培养基、灭菌蒸馏水、乙醇。

### 2.2 实验器材

培养箱、振荡器、天平、锥形瓶、培养皿、移液管、酒精灯等。

## 3.实验原理

食品受霉菌侵染后很容易引起霉变,某些霉菌的有毒代谢产物还能引起各种急性或慢性中毒,危害人类。目前已知的产毒霉菌如青霉、曲霉和镰刀霉等在自然界中分布较为广泛,对食品侵染的机会也较多,所以对食品进行霉菌检测就具有重要的意义。因此,霉菌的测定的结果,可作为食品被霉菌污染程度的标志,为被检样品进行卫生学评价时提供依据。

## 4.实验步骤

(1)无菌操作称取检样25g(mL),放入含有225mL灭菌水的玻塞三角瓶中,振摇30min,即为1:10稀释液。

(2)用灭菌吸管吸取1:10稀释液10mL,注入试管中,另用1mL灭菌吸管反复吹吸50次,使霉菌孢子充分散开。

(3)取1mL 1:10稀释液注入含有9mL灭菌水的试管中,另换一支1mL灭菌吸管吹吸5次,此液为1:100稀释液。

(4)按上述操作顺序配置10倍递增稀释液,每稀释一次换用一支1mL灭菌吸管,根据对样品污染情况的估计,选择3个合适的稀释度,在做10倍稀释的同时吸取1mL稀释液于灭菌平皿中,每个稀释度做2个培养皿,然后将凉至45℃左右的培养基注入培养皿中,待琼脂凝固后,倒置于25~28℃温箱中。3天后开始观察,共培养观察5天。

(5)计算方法通常选择菌落数在10~150之间的培养皿进行计数,同稀释度的2个培养皿的菌落平均数乘稀释倍数,即为每克(或毫升)检样中所含霉菌数。

## 5.思考题

(1)食品中常见的霉菌种类有哪些?
(2)食品霉菌污染有哪些危害?

# 实验九　培养基的配制与灭菌

## 1.实验目的

(1)了解并掌握培养基的配制、分装方法。
(2)掌握高温蒸汽灭菌锅正确操作方法。
(3)了解不同培养基类型及其成分、用途。
(4)理解无菌、灭菌的概念。

## 2.实验器材

### 2.1 实验试剂

蛋白胨、牛肉膏、NaCl、$K_2HPO_4$、琼脂、$NaNO_3$、KCl、$MgSO_4$、$FeSO_4$、蔗糖、葡萄糖、土豆汁、5% NaOH 溶液、5% HCl 溶液。

### 2.2 实验器材

天平、称量纸、药匙、精密 pH 试纸、量筒、试管、三角瓶、培养皿、玻璃棒、烧杯、试管架、剪刀、酒精灯、棉花、线绳、牛皮纸或报纸、纱布、电炉、灭菌锅、干燥箱、记号笔。

## 3.实验原理

### 3.1 培养基配制原理

培养基能够提供微生物生长、繁殖、代谢所需的各种营养和环境。由于微生物种类、营养类型不同,对营养物质的要求不同,以及实验和研究的目不同,导致培养基的种类很多。从营养角度分析,培养基一般均含有微生物所必需的碳源、氮源、无机盐、生长素以及水分等。另外，培养基还应具有适宜的 pH 值、一定的缓冲能力、一定的氧化还原电位及合适的渗透压。

培养基形态分为液态(肉汤)、半固态和固态，主要区别是液态培养基缺乏凝固剂(一般为琼脂)。琼脂是从石花菜等海藻中提取的胶体物质，是应用最广的凝固剂，一般不被微生物分解利用。加琼脂制成的培养基在 98～100℃ 下融化，于 45℃ 以下凝固。但多次反复融化，其凝固性降低。液态培养基可用于大量微生物的扩增及菌种保藏，半固态培养基可用于研究微生物的发酵特性、运动性及促进厌氧生长，固体培养基可用于菌种分离纯化、菌落形态观察、特定生物化学反应和菌种保藏。

培养基配制时可直接暴露于空气中进行，因此一旦配制完成就应及时彻底灭菌防止杂菌污染，以备培养使用。

## 3.2 高温灭菌原理

培养基配制过程为带菌操作，所以配制完成要立即灭菌来防止配制过程中混入的杂菌利用培养基中营养物质从而破坏培养基的性能。在分离、转接和纯培养时，防止其被其他微生物污染的技术称为无菌技术。无菌技术包括灭菌和无菌操作。灭菌是杀死包括芽孢在内的所有微生物。灭菌的目的是让用于分离、培养微生物的器具和基质事先不含任何微生物。微生物培养的常用器具(例如试管、三角瓶、培养皿等)和培养基都需要灭菌。无菌操作要在火焰附近(酒精灯、煤气灯)进行，并且接种工具(接种环、接种针等)需要灼烧灭菌。

干热灭菌通过使用干热空气杀灭微生物，常用于空玻璃器皿、金属器具的灭菌。把待灭菌的物品包装后，放入电烘箱中烘烤，加热至 160～170℃ 维持 1～2h。凡橡胶或带有胶皮的物品，液体及固体培养基等都不能用此法灭菌。

高压蒸汽灭菌是生物实验应用最广、效果最好的一种湿热灭菌法。在密闭的蒸锅内，因温度升高，水由液态转化成气态，因蒸汽不能外溢，压力不断上升，使水的沸点不断提高，锅内温度也随之增加。在 0.1MPa 的压力下，锅内温度达 121℃。在此蒸汽压力和温度下，灭菌时间维持 20min 即可杀死各种细菌及其高度耐热的芽孢。

火焰灼烧灭菌主要针对接种环、接种针或其他金属用具，可直接在酒精灯火焰上烧至红热并保持一定时间进行灭菌。实验过程中，试管或三角瓶口也可采用通过火焰短时间灼烧达到灭菌的目的。

## 3.3 培养基配方

（1）牛肉膏蛋白胨培养基。

牛肉膏蛋白胨培养基属于半合成培养基,俗称为营养琼脂培养基。该培养基含有一般细菌生长繁殖所需基本营养物质,是使用最为广泛的培养基。培养基中还可以加入1.5%～2.5%的琼脂作为凝固剂。琼脂96℃融化,40℃凝固。无琼脂的牛肉膏蛋白胨培养基也可称为肉汤培养基。配方如表9-1所示:

**表9-1　牛肉膏蛋白胨培养基配方**

| | |
|---|---|
| 牛肉膏 | 5.0g |
| 蛋白胨 | 10.0g |
| NaCl | 5.0g |
| 水 | 补齐至1000mL |
| pH | 7.4～7.6 |

（2）马铃薯培养基。

马铃薯培养基属于半合成培养基。马铃薯浸汁中含有大量氮源和种类丰富的维生素,多用于曲霉、酵母菌等真菌的培养。用去皮马铃薯200.0g切成小块,加水1000mL,80℃以上浸泡1h,纱布过滤后保留滤液即为马铃薯浸汁。灭菌前滤液中按比例加入蔗糖（或葡萄糖）,溶解后加入琼脂,加热促溶,补水至1000mL,高压灭菌。配方如表9-2所示:

**表9-2　马铃薯培养基配方**

| | |
|---|---|
| 去皮马铃薯 | 200.0g |
| 蔗糖（或葡萄糖） | 20.0g |
| 琼脂 | 15.0～20.0g |
| 水 | 补齐至1000mL |
| pH | 自然pH |

（3）高氏Ⅰ号培养基。

高氏Ⅰ号培养基属于合成培养基,主要用于培养和观察放线菌形态特征。采用淀粉作为碳源,$KNO_3$作为氮源,$K_2HPO_4$、$MgSO_4$、$FeSO_4$作为无机盐,配方如表9－3所示:

表9－3　高氏 I 号培养基配方

| | |
|---|---|
| 可溶性淀粉 | 20.0g |
| $KNO_3$ | 1.0g |
| $K_2HPO_4 \cdot 3H_2O$ | 0.5g |
| NaCl | 0.5g |
| $MgSO_4 \cdot 7H_2O$ | 0.5g |
| $FeSO_4 \cdot 7H_2O$ | 0.01g |
| 琼脂 | 15.0～20.0g |
| 水 | 补齐至1000mL |
| pH | 7.2～7.4 |

# 4.实验步骤

## 4.1 器皿清洗

(1)试剂瓶、三角瓶、培养皿、试管等玻璃器皿先浸泡洗涤液20～30min,用试管刷彻底刷洗器皿内外,用自来水洗净3遍,然后蒸馏水冲洗2遍,最后沥干。

(2)枪头盒用自来水洗净,蒸馏水洗两遍,沥干。

## 4.2 器皿包装

(1)棉塞的制作:先取纱布,顺着方向撕开,根据纱布的宽度和所撕下来的长度剪下大约为正方形的纱布三片,用于包棉花。根据三角瓶的口径大小,撕取大小适宜的棉花,将棉花置于纱布内部,棉花碎片向里。将纱布正置于三角瓶口,再将棉花内侧用大拇指顶成窝状,向纱布塞棉花,大约2/3处在管口内,然后再用纱布的四个角系住蓬松的棉花,使其成圆形。也可通过折叠法制成棉塞,用棉绳捆扎纱布四角,如试管棉塞。棉塞不宜过紧或过松,以紧贴管壁不留缝隙为宜。

(2)三角瓶口、试剂瓶瓶口的包装:剪下正方形的牛皮纸,大小以能够包住三角瓶口或试剂瓶瓶口为宜,瓶口用棉绳紧绕几圈,打结系紧。

(3)吸管包装:吸管的尾部要塞棉花,包装的时候牛皮纸从头部开始包。注意包装角度不要太大也不要太小。包装完毕吸管各部位不能暴露于空气中,在近尾端用棉绳捆扎打结。六只吸管捆扎在一起,做好标记后高压灭菌。灭菌并干燥后从尾端打开取用。橡胶胶头不能高压灭菌,可浸泡于75%的酒精中,使用前捞出沥干酒精安装在灭菌后的吸管尾端。

(4)培养皿的包装:将培养皿8~10对摆成一排,保证每对皿的皿盖和皿身方向一致。用牛皮纸包扎的时候将两侧封口,必要时用棉绳沿排列方向捆扎,两头打结成十字。包装完后确保取放培养皿不会散开。

## 4.3 培养基分装

在烧杯中配制好的培养基经加热均匀化后可进行分装。分装时注意培养基不应接触容器口,若不慎沾污瓶口或管口,可用镊子夹脱脂棉一小块擦去培养基,并将脱脂棉弃去。

取一铁架台,上固定一铁圈,将一个玻璃漏斗放置于铁圈上,漏斗下端连接一橡皮管,橡皮管中间加弹簧夹,橡皮管下段与玻璃器皿相接。分装时,打开弹簧夹,液体从橡皮管下端垂直落入分装器皿中。接够量即可关闭弹簧夹。

(1)液体培养基可先在玻璃漏斗中放一层滤纸,趁热过滤后立即分装,以试管高度的1/4左右为宜。

(2)固体或半固体培养基可在漏斗中放多层纱布,或两层纱布夹一层薄薄的脱脂棉趁热进行过滤。固体分装装量为管高的1/5,半固体分装装量一般以试管高度的1/3为宜,分装三角瓶以其容积的1/3最多不超过1/2为宜。

(3)培养基分装后加好棉塞,可包上一层牛皮纸防潮用,用棉绳系好。在包装纸上标明培养基名称、日期等信息。

一般无特殊需求,过滤的步骤可以省略。

## 4.4 高压灭菌处理

(1)先将灭菌锅盖子旋开,将灭菌篮取出,向锅内加入适量的去离子水,使水面与底板搁架相平。

(2)放回灭菌篮,装入待灭菌物品。培养基等加热会释放蒸汽的器皿应放上层。

(3)合上灭菌锅盖,并将排气软管插入排气槽内,用力旋紧灭菌锅盖子后可回转半圈,以利于灭菌结束后开盖。

(4)通电加热,并同时打开排气阀,使水沸腾以排除锅内的冷空气。待冷空气完全排尽后,关上排气阀,让锅内的温度随蒸汽压力增加而逐渐上升。当锅内压力升到所需压力时,控制热源,维持压力至所需时间。

（5）灭菌所需时间到后,切断电源,让灭菌锅内温度自然下降,当压力表的压力降至"0"时,打开排气阀,旋松螺栓,打开盖子,取出灭菌物品。

（6）培养基经灭菌后,如需要作斜面固体培养基,则灭菌后立即摆放成斜面,斜面长度以不超过试管长度的1/2为宜;半固体培养基灭菌后,垂直冷凝成半固体深层琼脂。需倒平板的培养基冷却到45～50℃,即手摸三角瓶外壁微微有些烫手,立刻在超净工作台上倒平板,培养基应均匀分布于整个平板。倒板温度过高,培养皿上盖冷凝水过多;温度过低,培养基没有倒完就开始凝固,影响平板表面平整性。

### 4.5 无菌实验

可抽取少数已灭菌培养基平皿于恒温培养箱中37℃培养24h,若无菌生长即可视为灭菌彻底。平皿可用保鲜膜包好,4℃条件下可短期保存备用。

## 5.注意事项

（1）使用高压蒸汽灭菌一定要完全排除锅内空气,使锅内全部是水蒸气,灭菌才能彻底。否则在同一压力下,锅内实际温度不能达标,无法较好灭菌。

（2）在使用灭菌锅前切勿忘记加水且应加去离子水,最大程度减少水垢,水加至与搁架相平,防灭菌锅干烧引起短路、炸裂等事故。

（3）灭菌结束后要等灭菌锅压力表降为"0"再打开锅盖,否则会因为内外压力不平衡而导致棉塞崩出造成污染,也容易因蒸汽喷射烫伤操作者。

（4）琼脂由于比重较重,融化温度较高,如不提前加热溶解直接灭菌,冷却后容易导致培养基分层,且各层凝固性差异较大。

## 6.思考题

（1）培养基配好后为什么需立即灭菌?

（2）为什么马铃薯培养基无须另外添加微量元素?

（3）制备马铃薯培养基时应注意哪些问题?

（4）如何判断灭菌培养基是否被杂菌污染?

（5）什么是选择性培养基? 细菌能在高氏I号培养基上生长吗?

（6）请分析实验时所配制的培养基的碳源、氮源、无机盐、维生素等来源。

# 实验十　微生物的分离与接种

## 1.实验目的

(1)掌握分离微生物纯培养的各种方法。

(2)掌握微生物各种常用接种工具的使用、各种接种技术。

## 2.实验器材

### 2.1 实验菌种

大肠杆菌(*Escherichia coli*)菌液。

### 2.2 实验器材

恒温培养箱、培养皿、烧杯、酒精灯、微量移液器、试管、接种针、接种环、涂布棒、培养基等材料。

## 3.实验原理

菌种分离技术是微生物学中重要的基本技术之一。微生物在自然界中呈群体状态存在,但是实际中人们所需要的菌种,往往只是其中的一两种。所以要将目的菌种和其他菌种进行分离纯化。微生物分离的方法很多,但是原理都是相似的,即对微生物群体进行稀释,直到出现纯培养,即单菌落,就实现了对目的菌株的较好的分离。

接种也是微生物学中重要的基本操作技术之一。即将一种微生物移接到新的培养基的过程。接种方法有斜面接种、液体接种、平板接种、穿刺接种等。接种的整个过程必须保持无菌操作。

# 4.实验步骤

## 4.1 微生物的分离

### 4.1.1 平板划线分离法

平板划线分离法一般又分连续划线分离法和分区划线分离法。

(1)连续划线分离法。在酒精灯火焰上灭菌接种环,取适量菌液,在平板表面连续做"之"形划线,直到画满整个平板。见图10－1:

图10－1　连续划线分离示意图　　图10－2　分区划线分离法示意图

(2)分区划线分离法。将一个平板分成四个不同面积的小区进行划线,第一区(A区)面积最小,作为待分离菌的菌源区,第二和第三区(B、C区)是逐级稀释的过渡区,第四区(D区)则是关键区,使该区出现大量的单菌落以供挑选纯种用。为了得到较多的典型单菌落,平板上四区面积的分配应是D＞C＞B＞A(见图10－2),具体操作步骤如下:

将接种环灭菌,冷却后蘸取适量菌液,划线于平板A处;再将接种环灭菌,从A处将菌划到B处;再将接种环灭菌,从B处将菌划到C处;再将接种环灭菌,从C处菌液划到D处。

恒温培养:将划线平板倒置,于37℃(或28℃)培养,24h后观察结果。

### 4.1.2　稀释涂布分离法

倒好平板后,取四支含有9mL灭菌生理盐水的试管,分别标记$10^{-1}$、$10^{-2}$、$10^{-3}$、$10^{-4}$。取三个固体平板分别标记$10^{-2}$、$10^{-3}$、$10^{-4}$。

用移液器取1mL混匀的菌液于$10^{-1}$试管中,混匀后,从$10^{-1}$试管中取1mL菌液于$10^{-2}$试管中,再次混匀后,取1mL混匀的菌液于$10^{-3}$试管中,以此类推,获得$10^{-1}$、$10^{-2}$、$10^{-3}$、$10^{-4}$稀释度的菌液。将不同稀释度的菌液涂布于相应稀释度的平板,倒置于培养箱,37℃(或28℃),24h后观察结果。

### 4.1.3 稀释倾注分离法

将准备好的培养基溶化,放置于45℃水浴锅中备用。

获得$10^{-2}$、$10^{-3}$、$10^{-4}$三个稀释度的菌液(方法同4.1.2)。各取1mL,分别置于灭过菌的空平皿中,分别加入45℃水浴锅中备用的培养基15～20mL,轻轻摇动平皿,混匀后放置一定时间,待平板凝固后倒置于培养箱,37℃(或28℃),24h后观察结果。

## 4.2 微生物的接种

### 4.2.1 斜面接种

(1)挑取平板上的单菌落或者斜面、液体中的纯培养物,接种到斜面培养基。

(2)将菌种斜面试管和新鲜斜面试管置于左手大拇指和食指、中指及无名指之间。

(3)对接种环进行灼烧灭菌后,到菌种斜面试管中蘸取少量菌,放入新鲜斜面进行"之"字形划线接种。结束后放入培养箱培养观察。

### 4.2.2 固体接种

参照平板划线分离法及涂布分离法。

### 4.2.3 液体接种

从斜面和平板上用接种环蘸取少量纯培养物,放入液体培养基中搅动使接种环上的培养物接触液体培养基;或者从固体培养基上将菌洗下来,倒入液体培养基;或者用移液器从液体培养物中吸取少量菌液移入到新鲜的液体培养基中都可以叫作液体接种。

### 4.2.4 穿刺接种

保藏厌氧菌种或者研究微生物运动时常用该方法。用接种针蘸取少量菌种,从半固体试管培养基中心穿刺向试管底部。接种后塞上试管塞,放入培养箱培养观察。

## 4.3 拍照并记录实验结果

## 5.思考题

(1)固体培养基为什么要倒置培养?

(2)划线分离微生物的时候,接种环为什么要反复灼烧灭菌?

# 实验十一　菌种的复壮与保藏

## 1.实验目的

（1）熟悉微生物菌种复壮原理,掌握微生物菌种的复壮方法。
（2）掌握微生物菌种保藏技术。

## 2.实验器材

### 2.1 实验菌种

枯草芽孢杆菌（*Bacillus subtilis*）菌种。

### 2.2 实验器材

恒温培养箱、培养皿、烧杯、酒精灯、微量移液器、试管、接种针、接种环、涂布棒等。

## 3.实验原理

微生物由于保存时间过长或者传代过多,产生自发突变,会出现一些性状的衰退。为了保持菌种优良的生产性状,需要对菌种进行复壮。自发突变的菌株群体中仍然保留着没有发生衰退的个体细胞。复壮就是从衰退的群体中经过分离纯化筛选分离、纯化出仍然保留优良性状的个体细胞,进行扩大培养并保藏的过程。

菌种保藏是通过减缓微生物的新陈代谢,使其处于半休眠状态或全休眠状态,延缓菌种衰退速度,减少变异的发生,从而使菌种保持良好的遗传性状。

## 4.实验步骤

### 4.1 菌种的复壮

（1）液体培养：无菌条件下，从实验室保存的具有抑菌活性的枯草芽孢杆菌菌种斜面调取一环菌到液体培养基，37℃，180rpm 培养 12 h。

（2）梯度稀释：无菌条件下制备 $10^{-2}$、$10^{-3}$、$10^{-4}$ 三个稀释度的菌液，分别在 LB 培养基上均匀涂布，37℃培养。

（3）从上述平板上挑取大量的单菌落接入 50mL 液体培养基中并编号，培养 12h。

（4）50mL 液体菌液 4000rpm，离心 10 min 除去菌体，上清液分别用牛津杯做抑菌实验，每个单菌落培养的菌液重复做三次抑菌实验，取平均值记录抑菌圈直径。

（5）对抑菌圈较大的实验组拍照并记录数据，最后和之前实验数据比较确定复壮成功。

### 4.2 菌种保藏

（1）斜面保藏：挑取平板上的单菌落或者斜面、液体中的纯培养物，接种到斜面培养基。

将菌种斜面试管和新鲜斜面试管置于左手大拇指和食指、中指及无名指之间。对接种环进行灼烧灭菌后，到菌种斜面试管中蘸取少量菌，放入新鲜斜面进行"之"字形划线接种。结束后放入培养箱培养，待菌种长满斜面后放冰箱 4℃保藏。

（2）甘油保藏：将待保藏菌种接种 LB 培养基培养至对数生长期，无菌条件下将菌液与 30% 甘油 1:1 混合于离心管中，混匀后放入冰箱 -20℃保存备用。

（3）穿刺保藏：保藏厌氧菌种或者研究微生物运动时常用该方法。用接种针蘸取少量菌种，从半固体试管培养基中心穿刺向试管底部。接种后塞上试管塞，放入培养箱培养观察。

## 4.3 拍照记录各个实验结果

## 5.注意事项

(1)菌种复壮实验一定要经过多次重复反复验证,确定复壮成功。
(2)菌种保藏一定要挑选性状优良的出发菌种进行保藏。
(3)所有实验一定要在无菌条件下进行,防止污染。

## 6.思考题

(1)有哪些原因可以引起菌种退化,如何防止退化?
(2)保藏菌种的方法还有哪些?

# 实验十二　细菌生理生化鉴定

## 1.实验目的

(1)了解细菌生理生化反应原理。
(2)掌握细菌鉴定中常用的生理生化反应方法。
(3)了解细菌生理生化反应在细菌鉴定中的意义。

## 2.实验器材

### 2.1 实验菌种

枯草芽孢杆菌(*Bacillus subtilis*)。

## 2.2 实验试剂

甲基红试剂、V－P试剂、吲哚试剂、过氧化氢、细胞色素C等。

## 2.3 实验器材

恒温培养箱、培养皿、烧杯、酒精灯、微量移液器、试管、接种针、接种环、杜氏小管等。

# 3.实验原理

由于不同细菌对于基质的分解利用不同和产生的代谢产物不同,因此可以通过细菌的生理生化反应特征确定细菌的种属,从而鉴定细菌。常见生理生化反应原理如下:

(1)糖发酵实验:不同细菌利用碳源代谢产生的产物不同,产酸产气不同。可以通过酸碱指示剂颜色变化检验其产酸,利用杜氏小管确定其产气情况。

芽孢杆菌糖发酵培养基配方见表12－1:

**表12－1　芽孢杆菌糖发酵培养基配方**

| | |
|---|---|
| 磷酸氢二铵 | 1.0g |
| 硫酸镁 | 0.2g |
| 氯化钾 | 0.2g |
| 酵母膏 | 0.2g |
| 糖 | 1% |
| 琼脂 | 5～6g |
| 溴甲酚紫 | 0.4% |
| 乙醇液 | 2mL |
| 蒸馏水 | 补齐至1000mL |
| pH | 7.0 |

先调pH,再加指示剂。115℃灭菌20min。

(2)淀粉水解实验:有些细菌可以分解淀粉产生麦芽糖或者葡萄糖,淀粉分解以后与碘不再产生蓝色。培养基配方见表12－2:

表 12 - 2　淀粉水解培养基配方

| | |
|---|---|
| 牛肉膏 | 5.0g |
| 氯化钠 | 5.0g |
| 可溶性淀粉 | 5.0g |
| 琼脂粉 | 15.0～20.0g |
| 蒸馏水 | 补齐至 1000mL |
| pH | 7.2 |

121℃灭菌 20min。

（3）V - P 实验:某些细菌在葡萄糖蛋白胨水培养基中能分解葡萄糖产生丙酮酸,丙酮酸缩合,脱羧成乙酰甲基甲醇,后者在强碱环境下,被空气中氧氧化为二乙酰,二乙酰与蛋白胨中的胍基生成红色化合物,称 V - P( + )反应,反之为V - P( - )反应。

①葡萄糖蛋白胨水培养基配方见表 12 - 3:

表 12 - 3　葡萄糖蛋白胨水培养基配方

| | |
|---|---|
| 蛋白胨 | 5.0g |
| 葡萄糖 | 5.0g |
| 氯化钠 | 5.0g |
| 蒸馏水 | 补齐至 1000mL |
| pH | 7.2 |

115℃灭菌 20min。

②试剂:

甲液:6% α - 萘酚酒精溶液

乙液:40% 氢氧化钾溶液

（4）甲基红实验:有些细菌可以利用葡萄糖产生有机酸,通过甲基红指示剂颜色变化(pH 4.4 以下红色,pH 6.2 以上显示蓝色)来检验细菌是否利用葡萄糖产酸。

（5）明胶液化实验:有些细菌可以产生降解明胶的酶,使明胶即使在 4℃ 也保持液化的状态。通过该实验检测细菌是否产生使明胶液化的酶。

明胶培养基配方见表 12 - 4:

表 12 - 4　明胶培养基配方

| | |
|---|---|
| 蛋白胨 | 5.0g |
| 明胶 | 120.0g |
| 蒸馏水 | 补齐至 1000mL |
| pH | 7.2 |

分装试管,每管5mL,115℃灭菌20min。

(6)硫化氢实验:有的细菌可以代谢利用含硫氨基酸产生硫化氢,硫化氢与培养基中的铁盐反应产生硫化铁黑色沉淀。产生黑色沉淀为反应阳性。

醋酸铅培养基配方见表12-5:

**表12-5 醋酸铅培养基配方**

| | |
|---|---|
| 蛋白胨 | 10.0g |
| 牛肉浸粉 | 3.0g |
| 氯化钠 | 5.0g |
| 硫代硫酸钠 | 2.5g |
| 琼脂 | 12.0g |
| 蒸馏水 | 补齐至1000mL |
| pH | 7.2~7.4 |

配好后分装三角瓶,每瓶100mL,115℃高压灭菌15min,冷至50℃左右时,加入过滤除菌的10%醋酸铅溶液1mL,混匀后分装试管,每管3~4mL,冷却,备用。

(7)脲酶实验:有些细菌能分解尿素产生氨,使培养基显示碱性,加入酚红指示剂显示粉红色。

培养基配方见表12-6:

**表12-6 尿素氮培养基配方**

| | |
|---|---|
| 蛋白胨 | 1.0g |
| 磷酸二氢钾 | 2.0g |
| 氯化钠 | 5.0g |
| 酚红 | 0.012g |
| 蒸馏水 | 补齐至1000mL |
| pH | 6.8 |

灭菌后冷却到60℃后加入尿素20g。

(8)氧化酶实验:具有氧化酶的细菌,首先使细胞色素C氧化,再由细胞色素C氧化苯二胺,生成深紫色的醌类物质。

试剂:1%盐酸二甲基对苯二胺溶液:少量新鲜配制,于冰箱内避光保存;1%α-萘酚—乙醇溶液。

(9)过氧化氢酶实验:有些细菌产生过氧化氢酶,分解过氧化氢生成水和新生态氧,产生气泡。

试剂:3%过氧化氢溶液(使用时配制)。

# 4.实验步骤

## 4.1 糖发酵实验

(1)取葡萄糖、乳糖、果糖、甘露糖试管糖发酵培养基各2支。

(2)分别穿刺接种枯草芽孢杆菌于糖发酵培养基并做相应对照。

(3)颜色变黄为产酸阳性,有气泡产生为产气。

## 4.2 淀粉水解实验

(1)用接种针取划线培养的枯草芽孢杆菌单菌落点接于淀粉琼脂培养基。

(2)37℃培养24h,在平板表面滴入碘试剂,使碘试剂刚好铺满平皿。

(3)观察结果,菌落周围有无色透明圈为阳性反应,无透明圈为阴性反应。

## 4.3 V–P实验

(1)接种枯草芽孢杆菌于葡萄糖蛋白胨水试管培养基中,37℃培养48～96h。

(2)取2mL培养液,分别加入1mL甲液,0.4mL乙液,充分混匀。

(3)观察结果,试管溶液产生粉红色为阳性反应,如未出现粉红色,可放入37℃再培养4h,如果颜色仍然不变可判定为阴性。

## 4.4 甲基红实验

(1)用接种环挑取新的枯草芽孢杆菌少许,接种于LB培养基,于30℃培养。

(2)24h后,取培养液1mL,加甲基红指示剂1～2滴,阳性呈鲜红色,弱阳性呈淡红色,阴性为黄色,直到第5天仍为阴性,即可判定结果。

## 4.5 明胶液化实验

(1)用枯草芽孢杆菌穿刺接种于明胶培养基,于22℃培养。

(2)每日观察结果,连续观察7天,培养基呈现液化状态为阳性,反之为阴性。

## 4.6 硫化氢实验

(1)用枯草芽孢杆菌穿刺接种于醋酸铅培养基中,于37℃培养。

(2) 48h 后观察结果,有黑色硫化铅产生为阳性,反之阴性。

## 4.7 脲酶实验

(1)用枯草芽孢杆菌穿刺接种于尿素半固体培养基中,于35℃培养。

(2) 24~28h 后观察结果,显示粉红色为阳性,反之阴性。

## 4.8 氧化酶实验

以毛细吸管吸取试剂,直接滴加于菌落上盐酸二甲基对苯二胺溶液一滴,阳性者呈现粉红色,并逐渐加深;再加 α-萘酚溶液一滴,阳性者于 0.5min 内呈现鲜蓝色。阴性于2min 内不变色。

## 4.9 过氧化氢酶实验

(1)用枯草芽孢杆菌穿刺接种于通用液体试管培养基中,于37℃培养。

(2)滴加配置的过氧化氢溶液,有气泡产生为阳性,反之阴性。

## 4.10 实验结果报告

表12-7  实验结果

| 实验 | 结果 | 实验 | 结果 |
|---|---|---|---|
| 糖发酵实验 | | 硫化氢实验 | |
| 淀粉水解实验 | | 脲酶实验 | |
| V-P实验 | | 氧化酶实验 | |
| 甲基红实验 | | 过氧化氢酶实验 | |
| 明胶液化实验 | | | |

查阅细菌伯杰氏手册,分析实验结果生理生化特征,鉴定该菌种是否和枯草芽孢杆菌一致。

# 5.注意事项

(1)注意药品毒性,安全操作。有些药品具有毒性应注意戴手套,在通风橱操作。

（2）实验结果要反复重复验证，防止假阳性的出现。

## 6.思考题

（1）细菌除了生理生化鉴定，还有哪些方法用来鉴定菌种？
（2）细菌的生理生化实验是不是做的实验越多越好？

# 实验十三　平板菌落计数法

## 1.实验目的

（1）掌握平板计数法原理及其意义。
（2）掌握平板计数法的方法。

## 2.实验器材

超净工作台、恒温培养箱、培养皿、烧杯、微量移液器、塑料离心管、酒精灯、试管架、计数器、记号笔、营养琼脂培养基等材料。

## 3.实验原理

在生产和科研实践中，可以通过平板计数法获得活菌的信息，所以该方法被广泛用于生物制品检验（如活菌制剂），以及食品、饮料和水（包括水源水）等的含菌指数或污染程度的测定。

平板菌落计数法是将待测样品经适当稀释之后，其中的微生物充分分散成单个细胞，取一定量的稀释样液接种到平板上，经过培养，由每个单细胞生长繁殖而形成肉眼可见的菌落，即一个单菌落应代表原样品中的一个单细胞。统计菌落数，根据其稀释倍数和取样接种量即可换算出样品中的含菌数。但是，由于待测样品往往不易完全分散成单个细胞，所以，长成的一个单菌落也可能来自样品中的 2~3 或更多个细胞。因此平板菌落计数的结果往往偏低,为了清楚地阐述平板菌落计数的结果,现在已倾向使用菌落形成单位(cfu)而不以绝对菌落数来表示样品的活菌含量。

# 4.实验步骤

## 4.1 编号

取无菌平皿 13 套,分别用记号笔标明 $10^{-5}$、$10^{-6}$、$10^{-7}$(稀释度)各 3 套,另取 6 支盛有 9mL 无菌水的试管,依次标示 $10^{-1}$、$10^{-2}$、$10^{-3}$、$10^{-4}$、$10^{-5}$、$10^{-6}$、$10^{-7}$。

## 4.2 稀释

用 1mL 微量移液器吸取 1mL 已充分混匀的大肠杆菌菌悬液(待测样品),至 $10^{-1}$ 的试管中,此即为 10 倍稀释。将 $10^{-1}$ 试管菌悬液分散、混匀。用此微量移液器取 $10^{-1}$ 菌液 1mL 至 $10^{-2}$ 试管中,此即为 100 倍稀释……其余依次类推。

## 4.3 取样

用三支 1mL 无菌吸管分别吸取 $10^{-5}$、$10^{-6}$ 和 $10^{-7}$ 的稀释菌悬液各 1mL,对号放入编好号的无菌平皿中,每个平皿放 1mL。

## 4.4 倒平板

尽快向上述盛有不同稀释度菌液的平皿中倒入融化后冷却至45℃左右的营养琼脂培养基约 15 mL/平皿,置水平位置迅速旋动平皿,使培养基与菌液混合均匀,而又不使培养基荡出平皿或溅到平皿盖上。由于细菌易吸附到玻璃器皿表面,所以菌液加入到培养基后,应尽快倒入融化并已冷却至45℃左右的培养基,立即摇匀,否则细菌将不易分散或长成的菌落连在一起,影响计数。

## 4.5 培养

待培养基凝固后,将平板倒置。

## 4.6 计数

培养 48h 后,取出培养平板,算出同一稀释度三个平板上的菌落平均数,并按下列公式进行计算：

每毫升中菌落形成单位（cfu）＝ 同一稀释度三次重复的平均菌落数 × 稀释倍数

## 5.注意事项

（1）一般选择每个平板上长有 30 ~ 300 个菌落的稀释度计算每毫升的含菌量较为合适,同一稀释度的三个重复对照的菌落数不应相差很大,否则表示试验不精确。实际工作中同一稀释度重复三个对照平板不能少于三个,这样便于数据统计,减少误差。由 $10^{-4}$、$10^{-5}$ 和 $10^{-6}$ 三个稀释度计算出的每毫升菌液中菌落形成单位数也不应相差太大。

（2）平板菌落计数法,所选择倒平板的稀释度是很重要的,一般三个连续稀释度中的第二个稀释度倒平板培养后,所出现的平均菌落数在 50 个左右为好,否则要适当增加或减少稀释度加以调整。

## 6.思考题

（1）为什么融化后的培养基要冷却至45℃左右才能倒平板?
（2）经紫外线处理后的操作和培养为什么要在暗处或红光下进行?

# 实验十四　环境中微生物的检测

## 1.实验目的

（1）了解环境中微生物的存在,初步建立起"无菌"的概念。
（2）检测实验室环境与体表微生物的分布情况,比较来自不同场所与不同条件下微生物的数量和类型。
（3）掌握通过菌落形态特征区分微生物的不同类群。

## 2.实验器材

固体 LB 平板培养基、培养皿、棉签、标签纸、记号笔、接种环、酒精灯、超净工作台。

## 3.实验原理

微生物个体微小,种类多种多样,分布极其广泛,用肉眼是观察不到微生物个体的。固体营养琼脂平板培养基含有细菌、真菌等微生物生长所需要的营养成分。将不同环境来源的样品接种到培养基上,在适宜温度下培养 1 ~ 2d,样品中的微生物便可以通过细胞分裂而繁殖,形成一个较大的子细胞群体,这种由单个或少数细胞在固体培养基表面繁殖出来的,肉眼可见的子细胞群体称为菌落。每一种细菌或真菌所形成的菌落都有其自身的特点,比如菌落的大小,表面干燥或湿润、隆起或扁平、粗糙或光滑,边缘整齐或不整齐,菌落透明或半透明或不透明,颜色以及质地疏松或紧密等。不同种的细菌所形成的菌落形态各不相同,同一种细菌常因培养基成分、培养时间等不同,菌落形态也有变化,但同一菌种在同一培养基上所形成的菌落形态,有它一定的稳定性和专一性。因此,可通过固体平板培养来检测环境中细菌或真菌等微生物的数量和类型。

## 4.实验步骤

### 4.1 培养皿的准备

任何一个实验,在实验动手操作前需首先将器皿用标签做上记号,写上班级、姓名、日期。实验要写上样品来源(如实验室空气或无菌室空气或手掌等),字尽量小些,贴于培养皿侧面,以免影响观察结果。

### 4.2 实验室环境中微生物的检测

设置采样点时,应根据现场的大小,选择有代表性的地点作为空气微生物检测的采样点。通常设置 5 个采样点,即室内墙角对角线交点为一采样点,该交点与四墙角连线的中点为另外 4 个采样点。采样高度为可设定为 1.2 ~ 1.5m 。采样点应远离墙壁1m以上,并避开空调、门窗等空气流通处。将固体LB平板培养基置于采样点处,打开培养皿盖,暴露5 min,盖上培养皿盖,放到28℃恒温箱中,倒置培养48 h。

### 4.3 人体微生物的检测

(1)手掌(消毒前与消毒后)。

①分别在两个固体LB平板培养基上标明洗手前与洗手后(班级、姓名、日期)。

②移去培养皿盖,将未洗过的手指在固体LB平板培养基的表面轻轻地来回划线,盖上培养皿盖。

③用肥皂和刷子,用力刷手,在流水中冲洗干净,干燥后,用消毒酒精消毒后,用手在另一固体LB平板培养基表面来回移动,盖上培养皿盖。

(2)口腔。

用无菌棉签沾取口腔内壁后,在固体LB平板培养基的表面,轻轻地来回划线,盖上培养皿盖。

### 4.4 培养与观察

将所有的固体LB平板翻转,使其倒置,放28℃培养箱,培养48h。观察培养后的培养皿上的菌落数目和形态。

## 5.注意事项

记录结果的方法有:

(1)菌落计数。在划线的平板上,如果菌落很多而重叠,则计数平板最后1/4面积内的菌落数。不是划线的平板,也一分为四,数1/4面积的菌落数。

(2)根据菌落大小、形状、高度、干湿等特征观察不同的菌落类型。但要注意,如果细菌数量太多,会使很多菌落生长在一起,限制了菌落生长而使菌落变得很小,因而外观不典型,故观察菌落的特点时,要选择分离得很开的单个菌落。菌落特征描写方法如下:

①大小(直径):大、中、小、针尖状。可先将整个平板上的菌落粗略观察一下,再决定大、中、小的标准。

②颜色:黄色、金黄色、灰色、乳白色、红色、粉红色等。

③表面状态:光滑、皱褶、颗粒状、龟裂状、同心环状等。

④形态:圆形、假根状、不规则状等。

⑤隆起形状:扩展、台状、低凸、凸面、乳头状等。

⑥透明程度:透明、半透明、不透明。

⑦边缘:边缘整齐、波状、裂叶状、圆锯齿状、有缘毛等。

## 6.思考题

(1)比较不同来源的样品,哪一种样品的平板菌落数与菌落类型最多?

(2)人多的实验室与无菌室(或无人走动的实验室)相比,平板上的菌落数与菌落类型有什么差异? 你能解释一下产生这种差异的原因吗?

(3)以消毒前后的手指为来源的样品,菌落数有无区别?

(4)通过本次实验,在防止培养物的污染与防止细菌的扩散方面,你有什么体会与思考?

# 实验十五 微生物的诱变育种

## 1.实验目的

1.1 了解紫外线诱变原理及其意义。

1.2 掌握紫外线诱变技术。

## 2.实验器材

超净工作台、恒温培养箱、紫外线诱变箱、培养皿、烧杯、微量移液器、塑料离心管、酒精灯、试管架、计数器、记号笔、营养琼脂培养基、无菌刮铲等材料。

菌种选取培养24h的黏质赛氏杆菌。

## 3.实验原理

紫外线是常见的一种物理诱变剂,其主要作用是诱导生物体胸腺嘧啶二聚体的形成,从而抑制 DNA 的复制过程。紫外线可以导致细胞发生突变,剂量过大可以导致细胞死亡。紫外线诱变是剂量决定于紫外线灯的功率、照射距离和照射时间。一般在前两个条件不变的情况下,改变照射时间以调节相对剂量。微生物对紫外线的敏感程度存在差异。一般采取预实验的形式,确定紫外线的合适剂量,开展诱变研究。由于可见光具有光复活作用,因此在紫外线处理时和处理后,都应在红光暗室或者避光条件下进行。

## 4.实验步骤

### 4.1 制备平板

将配制灭菌的营养琼脂培养基导入无菌培养皿中,制备培养平板。待凝固后,在培养皿上标记照射时间:0s、15s、30s、45s、60s、120s,每个处理设置三个重复。

### 4.2 菌种稀释

选用 6 支含有 9mL 无菌水玻璃试管,用记号笔编号。在 1 号试管中接种适量的斜面菌中,充分混匀,此即为 $10^{-1}$ 稀释度。用微量移液器吸取 1 号试管中 1mL 已充分混匀的菌悬液,加入含有 9mL 无菌水的 2 号玻璃试管中,充分混匀,此即为 $10^{-2}$ 稀释度。其余依次类推,稀释获得 $10^{-6}$ 稀释度。使菌液浓度达到 $10^8$ 个/mL 为宜。

### 4.3 涂布培养皿

从 $10^8$ 个/mL 的稀释液中,吸取 0.05mL 分别加入每个培养平板中,用无菌刮铲涂布均匀,盖上培养皿盖。除对照组以外,其它各组按照不同的处理时间梯度,将培养皿放置在紫外灯下进行照射。

### 4.4 紫外灯照射处理

选取紫外灯功率15W,照射距离30cm。在红光暗室中进行照射。照射前紫外灯开启预热15min,使光波稳定,然后打开标记15s的三个培养皿盖,照射15s,计时后取出,放入暗盒中保存或者用黑布包好。依次做其他各照射时间的紫外线处理。全部照射结束后,将培养皿放置于25℃避光培养3d。

### 4.5 观察并记录实验结果

计数各培养皿上不同颜色的菌落,并计算不同照射时间下的总突变率(%)和致死率(%),按下列公式进行计算:

总突变率(%) = (白色菌落数(mL)/菌落总数(mL)) × 100

致死率(%) = [(对照皿菌落总数(mL) - 照射后的菌落总数(mL))/对照皿菌落总数(mL)] × 100

## 5.思考题

(1)紫外线导致细胞突变的原理是什么?

(2)紫外线诱变技术在进行菌种诱变方面有什么优缺点,操作上需要注意哪些问题?

# 实验十六 影响微生物生长的因素测定

## 1.实验目的

(1)掌握影响微生物生长的环境因素的原理。

(2)掌握影响微生物生长条件的测定方法和意义。

## 2.实验器材

超净工作台、恒温培养箱、培养皿、烧杯、微量移液器、塑料离心管、酒精灯、水浴锅、分光光度计、记号笔、LB培养基、大肠杆菌等材料。

## 3.实验原理

微生物在生长过程中易受环境因素的影响,如环境中pH、氧气、温度、渗透压、射线等理化因素和生物因素都能影响微生物的生长。对于特定的微生物,掌握环境因素对其影响情况就可以通过各种控制手段促进或者抑制微生物的生长过程,从而为其提供和控制良好的环境条件,促进有益微生物的大量繁殖或产生有经济价值的代谢产物。

温度:温度通过影响蛋白质、核酸等生物大分子的结构与功能以及细胞结构如细胞的流动性及完整性来影响微生物的生长、繁殖和新陈代谢。过高的温度会导致蛋白质或核酸变性失活,而过低的温度会使酶活力受到抑制,细胞的新陈代谢活动减弱。

渗透压:在等渗溶液中,微生物正常繁殖。在高渗溶液中,微生物失水收缩,而水为微生物必需的组分,所以失水能够抑制微生物的生长繁殖。在低渗溶液中,细胞吸水膨胀。渗透压能够影响微生物的生长。

pH值:pH值通过使蛋白质、核酸等生物大分子所带电荷发生变化,从而影响其生物活性;通过引起细胞膜电荷变化,导致微生物细胞吸收营养物质的能力发生改变;改变环境中营养物质的可给性和有害物质的毒性。

## 4.实验步骤

### 4.1 温度对微生物生长的影响

取37℃培养12h的大肠杆菌菌液,按1%接种量接种到装有50mL发酵液的250mL三角瓶中。分别置于20℃、25℃、32℃、37℃、42℃培养12h,然后通过分光光度计测定其浊度。绘制曲线,观察温度对大肠杆菌生长的影响情况。

## 4.2 渗透压对微生物生长的影响

取 37℃ 培养 12h 的大肠杆菌菌液,配制含氯化钠 0.85%、5%、10%、15%、25% 的 LB 液体培养基。按 1% 接种量接种到装有 50mL LB 液体培养基的 250mL 三角瓶中。培养 12h 后,通过分光光度计测定其浊度。绘制曲线,观察渗透压对大肠杆菌生长的影响情况。

## 4.3 pH 值对微生物生长的影响

取 37℃ 培养 12h 的大肠杆菌菌液,配制 pH 值分为 3、5、7、9 的 LB 液体培养基。按 1% 接种量接种到上述 LB 液体培养基中。培养 12h,通过分光光度计测定其浊度。绘制曲线,观察 pH 值对大肠杆菌生长的影响情况。

# 5.注意事项

(1)在培养微生物的时候,除了影响条件外,其他条件要尽量保持一致。

(2)接种的时候一定要将原始菌种吹打均匀,保证各个培养基中接入的菌种一致。

# 6.思考题

(1)微生物的最适生长温度和最适代谢温度有什么不同?

(2)微生物最高可以耐受多高的盐浓度?

# 实验十七　细菌生长曲线的测定

# 1.实验目的

(1)掌握细菌生长曲线特征及其测定方法。

(2)掌握无菌操作技术。

## 2.实验器材

超净工作台、恒温培养箱、培养皿、烧杯、微量移液器、酒精灯、比色皿、分光光度计、记号笔、LB 培养基、大肠杆菌等材料。

## 3.实验原理

将一定量的细菌接种在液体培养基内,在一定条件下培养,可观察到细菌的生长繁殖有一定的规律性,如以细菌的活菌数的对数作纵坐标,以培养时间作横坐标,可绘成一条曲线,成为生长曲线。

生长曲线可表示细菌从开始生长到死亡的全过程的动态。不同的微生物有不同的生长曲线,同一种微生物在不同的培养条件下,其生长曲线也不一样。因此,测定微生物的生长曲线对于了解和掌握微生物的生长规律是很有帮助的。

测定微生物生长曲线的方法很多,有血球计数板法、平板菌落计数法、称重法和比浊法等。本实验采用比浊法测定,由于细菌悬液的浓度与混浊度成正比,因此,可利用分光光度计测定细菌悬液的光密度来推知菌液的浓度。

## 4.实验步骤

### 4.1 菌种制备

将大肠杆菌单菌落接种到含有 100mL 的 LB 培养基的 250mL 三角瓶中,37℃、180rpm 振荡培养 12h。

### 4.2 培养测量

将上述培养好的菌液按 1% 的接种量接种到一瓶新的含有 100mL 的 LB 培养基的 250mL 三角瓶中,37℃、180rpm 振荡培养。每隔 1h 取 3mL 菌液,于分光光度计上测 $OD_{600}$,每次都以新配置的 LB 培养基作为对照,测定 24h,直到吸光值开始出现明显下降趋势。

## 4.3 绘制生长曲线图

以培养时间为横坐标,以测得的 $OD_{600}$ 值为纵坐标,绘制生长曲线。

## 5.注意事项

(1)在取样测定吸光值时,一定要注意无菌操作,防止污染。

(2)保证每一组使用同一个比色皿,使用同一台分光光度计。

## 6.思考题

(1)测定微生物生长曲线有什么实际意义?

(2)测定微生物生长曲线各种方法各有什么样的优缺点?

# 实验十八　微生物对氧气耐受性检测

## 1.实验目的

(1)了解溶解氧对微生物生长的影响。

(2)学习微生物对氧的耐受性试验测定方法。

## 2.实验器材

超净工作台、恒温培养箱、培养皿、烧杯、微量移液器、酒精灯、试管、记号笔、葡萄糖牛肉膏蛋白胨琼脂培养基、金黄色葡萄球菌、干燥棒杆菌、保加利亚乳杆菌、丁酸梭菌、酿酒酵母及黑曲霉等材料。

葡萄糖牛肉膏蛋白胨琼脂培养基配方:牛肉膏0.3%、硫酸镁0.2%、蛋白胨1%、葡萄糖0.5%、琼脂2%、pH 7.2。

## 3.实验原理

氧气对微生物的生命活动有着极其重要的影响,微生物只能利用溶解于水中的氧。按照微生物对氧的关系不同,可将其分为 5 类:好氧菌、兼性厌氧菌、专性厌氧菌、耐氧厌氧菌、微好氧菌。研究微生物对氧气的喜好程度,有助于研究微生物的发酵生产等研究与实践活动。

## 4.实验步骤

### 4.1 试管培养基制备

将配好的培养基分装入 12 支小试管中,每只装入 5mL 左右,包扎灭菌备用。

### 4.2 菌悬液制备

将各类菌种斜面试管中接入 2mL 无菌生理盐水,制成菌悬液。

### 4.3 接种

将装有葡萄糖牛肉膏蛋白胨琼脂培养基的试管置于 100℃ 水浴中熔化并保温 5~10min,将 12 支试管做接种标签,每个菌种做一次重复;将试管取出室温静置冷却至 45~50℃时,做好标记,无菌操作吸取 0.1mL 各类微生物菌悬液加入相应试管中;接种结束后,塞上棉塞后双手快速搓动试管。避免振荡使过多的空气混入培养基,待菌种均匀分布于培养基内后,将试管置于冰浴中,使琼脂迅速凝固。

### 4.4 培养

将上述试管置于 28℃室温中静置保温 48h 后开始连续进行观察,直至结果清晰为止。

## 5.注意事项

(1)注意无菌操作,防止污染。

（2）接种菌种以后,一定要保证菌种均匀分布。

## 6.思考题

（1）测定微生物氧气耐受性有什么实际意义?
（2）不同耐氧微生物应该分布于试管的什么部位?

# 实验十九　水中细菌总数的检测

## 1.实验目的

（1）学习水样的采取方法和水样细菌总数测定的方法。
（2）了解水源水的平板菌落计数的原则。

## 2.实验器材

超净工作台、恒温培养箱、烧杯、微量移液器、酒精灯、试管、记号笔、葡萄糖牛肉膏蛋白胨琼脂培养基、无菌水、灭菌三角烧瓶、灭菌培养皿,灭菌吸管等。

## 3.实验原理

本实验应用平板菌落计数技术测定水中细菌总数。由于水中细菌种类繁多,它们对营养和其他生长条件的要求差别很大,不可能找到一种培养基在一种条件下,使水中所有的细菌均能生长繁殖,因此,以一定的培养基平板上生长出来的菌落,计算出来的水中细菌总数仅是一种近似值。目前一般是采用普通肉膏蛋白胨琼脂培养基。

## 4.实验步骤

### 4.1 自来水水样的采取

先将自来水龙头用火焰烧灼3min灭菌,再开放水龙头使水流5min后,以灭菌三角烧瓶接取水样,以待分析。

### 4.2 自来水细菌总数测定

用灭菌吸管吸取1mL水样,注入灭菌培养皿中。共做两个平皿,分别倾注约15mL已溶化并冷却到45℃左右的肉膏蛋白胨琼脂培养基,并立即在桌上做平面旋摇,使水样与培养基充分混匀;另取一空的灭菌培养皿,倾注肉膏蛋白胨琼脂培养基15mL作空白对照;培养基凝固后,倒置于37℃温箱中,培养24h,进行菌落计数。两个平板的平均菌落数即为1mL水样的细菌总数。

## 5.注意事项

(1)注意无菌操作,防止污染。
(2)接种菌种以后,一定要保证菌种均匀分布。

## 6.思考题

(1)测定水样中微生物总数有什么实际意义?
(2)还有没有其他方法测定水中微生物总数?

# 二、食品微生物学实验

# 实验二十　罐头食品的商业无菌检验

## 1.实验目的

（1）掌握商业无菌的概念。

（2）掌握罐头食品的商业无菌检测方法。

## 2.实验器材

### 2.1 实验试剂

溴甲酚紫葡萄糖肉汤（BPDB）、酸性肉汤（AB）、麦芽浸膏汤（MEB）、锰盐营养琼脂（MNA）、庖肉培养基（CMM）、卵黄琼脂培养基（EYAB），革兰氏染色液（结晶紫染液、卢戈氏碘液、95%乙醇、石炭酸复红液等）。

### 2.2 实验器材

显微镜、生化培养箱、pH计、天平、水浴锅、开罐刀或罐头打孔器等。

## 3.实验原理

罐头食品的商业无菌是罐头食品经过适度的热杀菌以后，不含有致病微生物，也不含有在常温下能在其中繁殖的非致病性微生物（但并不是不存在微生物），这种状态称作商业无菌。罐头食品商业无菌的检验适用于各种密封容器包装的，包括玻璃瓶、金属罐、软包装，经过适度的热杀菌后达到商业无菌，在常温下能较长时间保存的罐头食品。

商业无菌检验原理就是将密封完好的罐头置于一定温度下，培养一定时间后，观察是否出现胖听情况，同时开启胖听罐和/或未胖听罐，与未处理罐头进行比较，分析质地变化，测定pH值，并进行微生物的接种培养与镜检观察，以判断罐头是否达到商业无菌。

# 4.实验步骤

## 4.1 取样称重

用电子秤或托盘天平称重,1 kg 及以下的罐头精确到 2 g,各罐头的重量减去空罐的平均重量即为该罐头净重。称重前对样品进行记录编号。

## 4.2 保温

将罐头样品按不同分类,在规定温度下、规定时间进行保温。低酸性罐头$(36 \pm 1)$℃ 10d,酸性罐头$(30 \pm 1)$℃ 10d。保温过程中应每天检查,如有胖听或泄漏等现象,立即剔出做开罐检查。

## 4.3 开罐、留样

取保温过的全部罐头,冷却到常温后,按无菌操作进行以下开罐检验。将样品用温水和洗涤剂洗刷干净,用自来水冲洗后擦干。放入无菌室,以紫外光杀菌灯照射 30min。将样罐置于超净工作台上,用 75% 酒精棉球擦拭,并点燃灭菌(胖听罐不能烧)。用灭菌的开罐刀或罐头打孔器开启(带汤汁的罐头开罐前适当振摇),开罐时不能伤及卷边结构。开罐后,用灭菌吸管以无菌操作取出内容物 10 ~ 20mL,移入灭菌容器内,保存于冰箱中,待该样品检验得出结论后才可弃去。

## 4.4 pH 测定

取样测定 pH 值,与未经处理的罐头相比,看是否有显著差异。

## 4.5 感官检查

在光线充足、空气清洁无异味的检验室中,将罐头内容物倾入白色搪瓷盘内,对样品外观、色泽、状态和气味等进行观察和嗅闻,用餐具按压食品,鉴别食品有无腐败变质迹象。

## 4.6 镜检涂片

对感官或 pH 检查结果认为可疑的,以及出现腐败但 pH 反应不灵敏的(如肉、禽、鱼类等)罐头样品,均应进行革兰染色镜检。带汤汁的罐头样品可用接种环挑取汤汁涂于载玻片上,固态食品可以直接涂片或用少量灭菌生理盐水稀释后涂片。待干后用火焰固定。油脂性食品涂片自然干燥并火焰固定后,用二甲苯冲洗,自然干燥。染色镜检:用革兰染色法染色,镜检,至少观察 5 个视野,记录细菌的染色反应、形态特征以及每个视野的菌数。与未经处理的样品比较,判断是否有明显的微生物增殖现象。

## 4.7 接种培养

保温期间出现的胀罐、泄漏,或开罐检查发现 pH、感官质量异常、腐败变质,进一步镜检发现有异常数量细菌的样罐,均应及时进行以下微生物接种培养(见表 20 - 1 与表 20 - 2)。经保温实验有一罐及一罐以上发生胖听或泄漏,或保温后开罐,经感官检查、pH 测定或涂片镜检和接种培养,确证有微生物增殖现象,则为非商业无菌。

(1)低酸性罐头食品(每罐)接种培养基、管数及培养条件。

表 20 – 1　低酸性罐头食品的检验

| 培养基 | 管数 | 培养条件/℃ | 培养时间/d |
|---|---|---|---|
| 庖肉培养基 | 2 | (36 ± 1)℃(厌氧) | 96 ~ 120 |
| 庖肉培养基 | 2 | (55 ± 1)℃(厌氧) | 24 ~ 72 |
| 溴甲酚紫葡萄糖肉汤(带倒管) | 2 | (36 ± 1)℃(需氧) | 96 ~ 120 |
| 溴甲酚紫葡萄糖肉汤(带倒管) | 2 | (55 ± 1)℃(需氧) | 24 ~ 72 |

(2)酸性罐头食品(每罐)接种培养基、管数及培养条件。

表 20 – 2　酸性罐头食品的检验

| 培养基 | 管数 | 培养条件/℃ | 培养时间/d |
|---|---|---|---|
| 酸性肉汤 | 2 | (55 ± 1)℃(需氧) | 48 |
| 酸性肉汤 | 2 | (30 ± 1)℃(需氧) | 96 |
| 麦芽浸膏汤 | 2 | (55 ± 1)℃(需氧) | 96 |

（3）结果判定：

①对在36℃培养有菌生长的溴甲酚紫肉汤管,观察产酸产气情况,并涂片染色镜检。如果是含杆菌的混合培养物或球菌、酵母菌或霉菌的纯培养物,不再往下检验。如仅有芽孢杆菌则判为嗜温性需氧芽孢杆菌;如仅有杆菌无芽孢,则为嗜温性需氧,如需进一步证实是否是芽孢杆菌,可转接于锰盐营养琼脂平板在36℃培养后再做判定。

②对在55℃培养有菌生长的溴甲酚紫肉汤管,观察产酸产气情况,并涂片染色镜检。如有芽孢杆菌,则判为嗜热性需氧芽孢杆菌;如仅有杆菌无芽孢,则为嗜热性需氧杆菌。如需进一步证实是否是芽孢杆菌,可转接于锰盐营养琼脂平板,在55℃培养后再做判定。

③对在36℃培养有菌生长的庖肉培养基管,涂片染色镜检。如为不含杆菌的混合菌相,不再往下进行;如有杆菌,带或不带芽孢都要转接于两个血琼脂平板(或卵黄琼脂平板),在36℃分别进行需氧和厌氧培养。在需氧平板上有芽孢生长,则为嗜温性兼性厌氧芽孢杆菌;在厌氧平板上生长为一般芽孢,则为嗜温性厌氧芽孢杆菌,如为梭状芽孢杆菌,应用庖肉培养基原培养液进行肉毒梭状菌及肉毒毒素检验(按 GB 4789.12—2016)。

④对在55℃培养有菌生长的庖肉培养基管,涂片染色镜检。如有芽孢,则为嗜热性厌氧芽孢杆菌或腐败性芽孢杆菌;如无芽孢仅有杆菌,转接于锰盐营养琼脂平板,在55℃厌氧培养,有芽孢则为嗜热性厌氧芽孢杆菌,如无芽孢则为嗜热性厌氧杆菌。

同理,若是酸性罐头食品,则对有微生物生长的酸性肉汤和麦芽浸膏汤管进行观察,并涂片染色镜检。按所发现的微生物类型判定。

## 4.8 罐头密封性检验

对确定有微生物繁殖的样罐均应进行密封性检验以判定该罐是否泄漏。将已洗净的空罐,经35℃烘干,根据各单位的设备条件进行减压或加压试漏。

（1）减压试漏:将烘干的空罐内小心注入清水至八九成满,将一带橡胶卷的有机玻璃板妥当安放罐头开启端的卷边上,使其保持密封。启动真空泵,关闭放气阀,用手按住盖板,控制抽气,使真空表从 0 Pa 升到 $6.8 \times 10^4$ Pa(510mmHg)的时间在 1min 以上,并保持此真空度 1min 以上。倾侧空罐,仔细观察罐内底盖卷边及焊缝处有无气泡产生,凡同一部位连续产生气泡,应判断为泄漏,记录漏气的时间和真空度,并在漏气部位做上记号。

（2）加压试漏:用橡皮塞将空罐的开孔塞紧,开动空气压缩机,慢慢开启阀门,使罐内压力逐渐加大,同时将空罐浸没在盛水的玻璃缸中,仔细观察罐外底盖卷边及焊缝处有无气泡产生,直至压力升至 0.7 kg/cm² 并保持 2min,凡同一部位连续产生气泡,应判断为泄漏。记录漏气的时间和真空度,并在漏气部位做上记号。

（3）结果判定:

①判断罐头的商业无菌。

该批(锅)罐食品经审查生产操作记录,属于正常;抽取样品经保温实验未胖听或泄漏或保温后开罐,经感官检查、pH 测定或涂片镜检,或接种培养,确证无微生物增殖现象。

②判断罐头的非商业无菌。

该批(锅)罐食品经审查生产操作记录,未发现问题;抽取样品经保温实验有一罐或一罐以上发生胖听或泄漏;或保温后开罐,经感官检查、pH 测定、涂片镜检和接种培养,确证有微生物增殖现象。

## 5.思考题

（1）什么是商业无菌? 对罐头食品进行商业无菌检验的意义是什么?

（2）污染罐头食品的微生物的来源有哪些?

# 实验二十一　水产品中单核细胞增生李斯特菌的检验

## 1.实验目的

（1）了解单核细胞增生李斯特菌的危害及污染食品种类。

（2）掌握单核细胞增生李斯特菌的检测方法。

## 2.实验器材

### 2.1 实验菌种

英诺克李斯特菌(*Enoch listeria*)、金黄色葡萄球菌(*Staphylococcus aureus*)、马红球菌(*Rhodococcus equi*)菌种。

### 2.2 实验试剂

含0.6%酵母浸膏的胰酪胨大豆肉汤(TSB－YE)、含0.6%酵母浸膏的胰酪胨大豆琼脂(TSA－YE)、李氏增菌肉汤($LB_1$、$LB_2$)、PALCAM琼脂、革兰氏染色液、SIM动力培养基、缓冲葡萄糖蛋白胨水、5%～8%羊血琼脂、糖发酵管、过氧化氢酶实验、李斯特菌显色琼脂等。

### 2.3 实验器材

冰箱、恒温培养箱、均质器、显微镜、天平、锥形瓶、移液管、培养皿等。

## 3.实验原理

在水产品中,致病菌主要有沙门氏菌、副溶血弧菌、单核细胞增生李斯特菌和金黄色葡萄球菌等。单核细胞增生李斯特菌从海产品上常得到分离,在冷藏(4℃)的熏鱼体中也常能生长,海产品可在单核细胞增生李斯特氏菌的传播中起重要作用。

最新的分类学研究表明,李斯特菌属共分为六个种:单核增生李斯特菌、伊氏李斯特菌、英诺克李斯特菌、斯氏李斯特菌、威氏李斯特菌、格氏李斯特菌。在李斯特菌属的六个种中,只有两种致病菌:单核增生李斯特菌和伊氏李斯特菌可以引起老鼠和其他动物发病。但是,其中通常只有单核增生李斯特菌和人类的李斯特氏菌症相关。因此,李斯特菌中最有检测意义的是单核增生李斯特氏菌。单增李斯特菌能引起人、畜的李斯特氏菌病,感染后主要表现为败血症、脑膜炎和流产等。它广泛存在于自然界中,肉类、蛋类、禽类、海产品、乳制品、蔬菜等都可被污染。该菌在4℃的环境中仍可生长繁殖,是冷藏食品威胁人类健康的主要病原菌之一,其易感人群主要为孕妇、老人、新生儿和免疫缺陷人群。大多数发达国家人类李斯特菌病发生率为每100万人2~15例,死亡率为13%~34%。

单核细胞增生李斯特菌为革兰氏阳性短杆菌,两端钝圆,常两两相串成弯曲及V形,偶尔有球状、双球状、短链状,但很少有长链状,兼性厌氧,无芽孢,一般不形成荚膜。该菌有4根周生鞭毛和1根端生鞭毛。

## 4.实验步骤

### 4.1 样品的收集及前增菌

以无菌取样25g加入含有225mL的李氏增菌肉汤(LB$_1$)的均质袋中,在拍击式均质器上连续均质1~2min;或放入盛有225mL LB$_1$增菌液的均质杯中,8000~10000 r/min均质1~2min。如不能及时检验,可暂存4℃冰箱。

### 4.2 增菌培养

LB$_1$增菌液于(30±1)℃培养24h,取出0.1mL,转种于10mL LB$_2$增菌液中(30+1)℃中培养18~24h,进行二次增菌。

### 4.3 分离培养

取LB$_2$二次增菌液划线接种于PALCAM琼脂平板和科马嘉李斯特菌显色琼脂平板上,于(36±1)℃培养24~48h,观察各个平板上生长的菌落。典型李斯特菌菌落在科马嘉李斯特菌显色琼脂平板为小的圆形蓝色菌落,周围有白色晕圈;在PALCAM琼脂平板上为小的圆形灰绿色菌落,周围有棕黑色水解圈,有些菌落有黑色凹陷。

### 4.4 初筛

自选择性琼脂平板上分别挑取5个以上典型或可疑菌落,分别接种木糖鼠李糖发酵管,于(36±1)℃培养24h;同时在TSA-YE平板划线纯化,于(30±1)℃培养24~48h。选择木糖阴性、鼠李糖阳性的纯培养物继续进行鉴定。

### 4.5 鉴定

(1)染色镜检:李斯特菌为革兰氏阳性小杆菌;用生理盐水制成菌悬液,在油镜或相差显微镜下观察,该菌出现轻微旋转或翻滚样的运动。

(2)动力实验:李斯特菌有动力,呈伞状生长或月牙状生长。

(3)挑取纯培养的单个可疑菌落,进行过氧化氢酶实验,过氧化氢酶阳性反应的菌株继续进行糖发酵实验和 MR – VP 实验。

(4)溶血实验:将羊血琼脂平板底面划分为 20 ~ 25 个小格,挑取纯培养的单个可疑菌落刺种到血平板上,每格刺种一个菌落,并刺种阳性对照菌(单核细胞增生李斯特菌和伊氏李斯特菌)和阴性对照菌(英诺克李斯特菌)。穿刺时尽量接近底部,但不要触到底面,同时避免琼脂破裂,于(36 + 1)℃培养 24 ~ 48h,于明亮处观察,单核细胞增生李斯特菌和斯氏李斯特菌在穿刺点周围产生狭小的透明溶血环,英诺克李斯特菌无溶血环,伊氏李斯特菌产生大的透明溶血环。

(5)协同溶血实验(cAMP):在羊血琼脂平板上平行划线接种金黄色葡萄球菌和马红球菌,挑取纯培养的单个可疑菌落垂直划线接种于平行线之间,垂直线两端不要触及平行线,在(36 ± 1)℃培养 24 ~ 48h。单核细胞增生李斯特菌在靠近金黄色葡萄球菌的接种端溶血增强,斯氏李斯特菌的溶血环也增强,伊氏李斯特菌在靠近马红球菌附近的溶血增强。

## 4.6 结果报告

综合以上生化实验和溶血实验的结果,报告 25g(mL)样品中检出或未检出单核细胞增生李斯特菌。

## 5.思考题

(1)简述水产品中微生物的来源。

(2)控制水产品中的微生物主要由哪些方法?

# 实验二十二　大肠菌群的检测与计数

## 1.实验目的

（1）熟悉食品中大肠菌群的测定方法。

（2）掌握大肠菌群检测的食品安全学意义。

## 2.实验器材

冰箱、恒温培养箱、恒温水浴锅、天平、移液管、锥形瓶、试管、培养皿、烧杯、微量移液器、pH 计、菌落计数器、均质器、振荡器、酒精灯、接种针、月桂基硫酸盐胰蛋白胨（LST）肉汤、煌绿乳酸胆盐（BGLB）肉汤、结晶紫中性红胆盐琼脂（VRBA）、0.85%的生理盐水、无菌 1 mol/L NaOH、无菌 1 mol/L HCl、75%乙醇溶液。

## 3.实验原理

### 3.1 大肠菌群检测的意义

大肠菌群（*colifoms*）是卫生细菌领域用语，主要由肠杆菌的四个属即大肠埃希氏菌属、柠檬酸杆菌属、克雷伯氏菌属和肠杆菌属中的一些细菌构成，这些细菌的生化及血清学实验并非完全一致。但在一定的培养条件下能发酵乳糖、产酸产气的需氧和兼性厌氧的革兰氏阴性无芽孢杆菌则是大肠菌群的共同特点，国家标准亦将此作为大肠菌群的概念。

大肠菌群多存在于温血动物粪便、人类经常活动的场所及粪便污染的地方，人、畜粪便对外界环境的污染是大肠菌群在自然界广泛存在的主要原因。大肠菌群作为粪便污染指标菌，主要以该菌群的检出情况来表示食品是否被粪便污染（直接或间接）。菌群数量的高低表明了粪便污染的程度，亦反映了对人体健康危害性的大小。粪便是人类肠道排泄物，有健康人的粪便，也有肠道疾病患者或带菌者的粪便,因而检测食品的粪便污染可推测该食品中存在着肠道致病菌污染的可能性,潜伏着食物中毒和流行病的威胁。因此,食品中大肠菌群的检测意义重大。

## 3.2 大肠菌群的检测方法

国家标准规定的大肠菌群的检测方法有 MPN 计数法和平板计数法两种(见图 22 – 1 和图 22 – 2)。

MPN 计数法:该法是基于泊松分布的间接计数方法。样品经处理与稀释后用月桂基硫酸盐胰蛋白胨(LST)肉汤进行初发酵,以证实样品或稀释液中是否存在符合大肠菌群的定义(于 37℃ 分解乳酸产酸产气),培养基中加入月桂基硫酸盐可抑制革兰氏阳性菌的生长,有利于大肠菌群的生长和挑选。初发酵后观察 LST 肉汤管是否产气。初发酵管产气不能肯定是大肠菌群,经复发酵实验后可能会成为阴性。因此,证实实验必须进行。复发酵中使用煌绿乳酸胆盐(BGLB)肉汤,其中的煌绿和胆盐能抑制产芽孢细菌。

该法食品中大肠菌群数是以每 g(mL)检样中大肠菌群的最可能数(MPN)表示,再乘以 100 即得 100 g(mL)检样中大肠菌群的最可能数(MPN)。从规定的反应呈阳性管数的出现率,用概率论来推算样品中菌数最近似的数值。MPN 检索表只给了三个稀释度,若改用不同稀释度则表内数字当相应降低或增加 10 倍。本法适用于目前食品卫生标准中大肠菌群限量用 MPN/100g(mL)表示的情况。

平板计数法:根据检样的污染程度做不同的稀释倍数,选择其中较适宜的稀释度与结晶紫中性红胆盐琼脂(VRBA)培养基混合,待琼脂凝固后,再加入少量 VRBA 覆盖平板表面(防止细菌蔓延生长),于一定培养条件下,计数平板上出现的大肠菌群典型和可疑菌落,再对其中 10 个可疑菌落用煌绿乳酸胆盐(BGLB)肉汤管进行证实试验后报告。称重取样以 CFU/g 为单位报告,体积取样以 CFU/mL 为单位报告。该法主要适用于目前食品安全标准中乳制品的大肠菌群限量用 CFU/100g(mL)表示的情况。

## 4.实验步骤

### 4.1 培养基

月桂基硫酸盐胰蛋白胨(LST)肉汤:胰蛋白胨(胰酪胨)20.0 g,乳糖 5.0 g,

NaCl 5.0g,磷酸氢二钾 2.75g,磷酸二氢钾 2.75g,月桂基硫酸钠 0.1g,蒸馏水 1000mL。

煌绿乳酸胆盐(BGLB)肉汤:乳糖10.0 g,蛋白胨10.0 g,牛胆粉溶液200mL,0.1%的煌绿水溶液 13.3mL,蒸馏水 800mL。

结晶紫中性红胆盐琼脂(VRBA):乳糖10.0 g,蛋白胨7.0 g,酵母膏3.0g,NaCl 5.0g,胆盐 1.5g,中性红 0.03g,结晶紫 0.002g,琼脂 15 ~ 18g,蒸馏水 1000mL。

### 4.2 MPN 法的操作步骤

(1)检样的稀释:

①固体和半固体样品:取25g检样,放入盛有225mL 的无菌生理盐水的均质杯内,8000 ~ 10000r/m 均质 1 ~ 2min 制成 1:10 即 $10^{-1}$ 的样品匀液。

②液体样品:用无菌吸管吸取 25mL 样品放入盛有225mL 的无菌生理盐水的锥形瓶内,充分混匀制成 $10^{-1}$ 的样品匀液。

③样品溶液的 pH 值控制在 6.5 ~ 7.5 之间,必要时可用 1 mol/L NaOH 或 1 mol/L HCl 调节。

④准确移取 1mL $10^{-1}$ 的匀液沿管壁缓缓注入盛有 9mL 无菌稀释液的试管中,振荡试管制备 $10^{-2}$ 的稀释液。

⑤根据检样污染状况的估计,按照上述操作依次制成 10 倍递增系列稀释样品匀液,每递增稀释一次要换用一只无菌吸管或吸头。从样品匀液制备到样品接种完毕,全过程不得超过 15min。

(2)初发酵试验:每个样品选择 3 个适宜的连续稀释度的样品匀液(液体样品可选择使用原液),每个稀释度接种 3 管 LST 肉汤,每管接种 1mL,于(36 ± 1 )℃培养(24 ± 2)h,观察试管内是否有气泡产生,(24 ± 2)h 产气者进行复发酵试验,如未产气则继续培养至(48 ± 2)h,产气者进行复发酵试验。未产气者为大肠菌群阴性。

(3)复发酵试验:用接种环从产气的 LST 肉汤管中分别取培养物 1 环,移种于煌绿乳糖胆盐肉汤(BGLB)管中,(36 ± 1)℃培养(48 ± 2)h,观察产气情况。产气者,计为大肠菌群阳性管。

(4)大肠菌群最可能数(MPN)的报告:根据复发酵试验确定的大肠菌群 LST 阳性管数,检索 MPN 表(见表22 – 3),报告每 g(mL)样品中大肠菌群的 MPN 值。

### 4.3 平板计数法的操作步骤

（1）检样的稀释：按照 MPN 法检样的稀释方法进行。

（2）平板计数：

①根据对样品污染状况的估计，选择 2～3 个适宜的连续稀释度，每个稀释度接种 2 个无菌培养皿，每皿 1mL。同时取 1mL 稀释液加入两个无菌培养皿内做空白对照。

②及时将 15～20 mL 冷至 46 ℃的结晶紫中性红胆盐琼脂（VRBA）倾注于每个培养皿中。小心旋转培养皿，将培养基与样液充分混匀。待琼脂凝固后，再加 3～4 mL VRBA 覆盖平板表层。翻转平板，置于（36±1）℃培养 18～24 h。

（3）平板菌落的选择：选取菌落数在 15～150 CFU 之间的平板，分别计数平板上出现的典型和可疑大肠菌群菌落。典型菌落为紫红色，菌落周围有红色的胆盐沉淀环，菌落直径为 0.5 mm 或更大。

（4）证实试验：从 VRBA 平板上挑取 10 个不同类型的典型和可疑菌落，分别移种于 BGLB 肉汤管内，（36±1）℃培养 24～48 h，观察产气情况。凡 BGLB 肉汤管产气，即可报告为大肠菌群阳性。

（5）大肠菌群平板计数的报告：经最后证实为大肠菌群阳性的试管比例乘以计数的平板菌落数，再乘以稀释倍数，即为每 g（mL）样品中大肠菌群数。

例：$10^{-4}$样品稀释液 1 mL，在 VRBA 平板上有 100 个典型和可疑菌落，挑取其中 10 个接种 BGLB 肉汤管，证实有 6 个阳性管，则该样品的大肠菌群数为：$100 \times 6/10 \times 10^4/\text{g(mL)} = 6.0 \times 10^5 \text{CFU/g(mL)}$。

## 5.试验结果

（1）对检样用 MPN 计数法进行大肠杆菌测定的原始记录和结果填入表 22 - 1 中，并根据产品标准判定该检样大肠菌群的安全情况。

表 22 - 1　MPN 计数法测定结果

| 加样品量 | | | | | | | | | |
|---|---|---|---|---|---|---|---|---|---|
| 试管编号 | 1 | 2 | 3 | 4 | 5 | 6 | 7 | 8 | 9 |
| 初发酵试验 | | | | | | | | | |
| 复发酵试验 | | | | | | | | | |

| 加样品量 | | | | | |
|---|---|---|---|---|---|
| 各管大肠杆菌判定 | | | | | |
| 检索表/[MPN/g(mL)] | | | | | |
| MPN/100g(mL) | | | | | |

注:初发酵试验和复发酵试验结果表示:产气用"+",不产气用"-"

（2）对检样用平板计数法进行大肠菌群测定的原始记录和报告填入表22-2中。

表22-2 平板计数法测定结果

| 皿次 | 原液 | $10^{-1}$ | $10^{-2}$ | $10^{-3}$ | 空白 |
|---|---|---|---|---|---|
| 1 | | | | | |
| 2 | | | | | |
| 平均 | | | | | |
| 计数稀释度 | | | | | |
| 证实试验结果 | | | | | |
| 结果报告/[CFU/g(mL)] | | | | | |

# 6.思考题

（1）说明食品中大肠菌群测定的安全意义。

（2）为什么食品中大肠菌群的检验要经过复发酵试验才能证实。

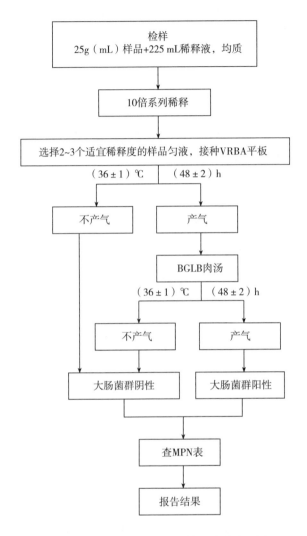

图 22 - 1　大肠菌群 MPN 计数的检验流程图

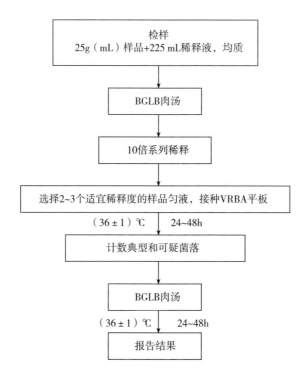

图 22－2　大肠菌群平板计数法的检验流程图

## 表 22 - 3 大肠菌群最可能数(MPN)检索表

### 每 g(mL)检样中大肠菌群最可能数(MPN)的检索表

| 阳性管数 | | | MPN | 95%可信限 | | 阳性管数 | | | MPN | 95%可信限 | |
|---|---|---|---|---|---|---|---|---|---|---|---|
| 0.10 | 0.01 | 0.001 | | 下限 | 上限 | 0.10 | 0.01 | 0.001 | | 下限 | 上限 |
| 0 | 0 | 0 | <3.0 | – | 9.5 | 2 | 2 | 0 | 21 | 4.5 | 42 |
| 0 | 0 | 1 | 3.0 | 0.15 | 9.6 | 2 | 2 | 1 | 28 | 8.7 | 94 |
| 0 | 1 | 0 | 3.0 | 0.15 | 11 | 2 | 2 | 2 | 35 | 8.7 | 94 |
| 0 | 1 | 1 | 6.1 | 1.2 | 18 | 2 | 3 | 0 | 29 | 8.7 | 94 |
| 0 | 2 | 0 | 6.2 | 1.2 | 18 | 2 | 3 | 1 | 36 | 8.7 | 94 |
| 0 | 3 | 0 | 9.4 | 3.6 | 38 | 3 | 0 | 0 | 23 | 4.6 | 94 |
| 1 | 0 | 0 | 3.6 | 0.17 | 18 | 3 | 0 | 1 | 38 | 8.7 | 110 |
| 1 | 0 | 1 | 7.2 | 1.3 | 18 | 3 | 0 | 2 | 64 | 17 | 180 |
| 1 | 0 | 2 | 11 | 3.6 | 38 | 3 | 1 | 0 | 43 | 9 | 180 |
| 1 | 1 | 0 | 7.4 | 1.3 | 20 | 3 | 1 | 1 | 75 | 17 | 200 |
| 1 | 1 | 1 | 11 | 3.6 | 38 | 3 | 1 | 2 | 120 | 37 | 420 |
| 1 | 2 | 0 | 11 | 3.6 | 42 | 3 | 1 | 3 | 160 | 40 | 420 |
| 1 | 2 | 1 | 15 | 4.5 | 42 | 3 | 2 | 0 | 93 | 18 | 420 |
| 1 | 3 | 0 | 16 | 4.5 | 42 | 3 | 2 | 1 | 150 | 37 | 420 |
| 2 | 0 | 0 | 9.2 | 1.4 | 38 | 3 | 2 | 2 | 210 | 40 | 430 |
| 2 | 0 | 1 | 14 | 3.6 | 42 | 3 | 2 | 3 | 290 | 90 | 1000 |
| 2 | 0 | 2 | 20 | 4.5 | 42 | 3 | 3 | 0 | 240 | 42 | 1000 |
| 2 | 1 | 0 | 15 | 3.7 | 42 | 3 | 3 | 1 | 460 | 90 | 2000 |
| 2 | 1 | 1 | 20 | 4.5 | 42 | 3 | 3 | 2 | 1100 | 180 | 4100 |
| 2 | 1 | 2 | 27 | 8.7 | 94 | 3 | 3 | 3 | >1100 | 420 | – |

注1:本表采用3个稀释度[0.1g(mL)、0.01g(mL)和0.001g(mL)],每个稀释度接种3管。
注2:表内所列检样量如改用1g(mL)、0.1g(mL)和0.01g(mL)时,表内数字应相应降低10倍;如改用0.01g(mL)、0.001g(mL)和0.0001g(mL)时,则表内数字应相应增高10倍,其余类推。

# 实验二十三　食品中腐败微生物的分离与纯培养

## 1.实验目的

(1)掌握倒平板的方法和几种常见的微生物分离纯化技术。
(2)掌握无菌操作的基本环节。
(3)了解细菌和霉菌培养的适宜条件。
(4)学习微生物分离纯化后的纯培养技术。

## 2.实验器材

### 2.1 实验原料

苹果、香蕉、土豆、面包、饮料等。

### 2.2 实验试剂及器材

超净工作台、高压蒸汽灭菌锅、恒温培养箱、摇床、试管、试管架、酒精灯、接种针(环)、培养皿、记号笔、锥形瓶、酒精灯、三角玻璃涂布棒、营养琼脂粉、葡萄糖、牛肉膏、蛋白胨、氯化钠、生理盐水、无菌水等。

## 3.实验原理

### 3.1 分离纯化技术

为了从混杂的样品中分离出所需的菌种,或已有的微生物菌种,由于某些原因受到污染或出现退化现象需纯化或复壮,这些工作离不开菌种的分离纯化。含有一种以上的微生物培养物称为混合培养物,如果在一个菌落中所有细胞均来自于一个亲代细胞则这个菌落称为纯培养,得到纯培养的过程称为分离纯化。常用的微生物分离纯化的方法是平板划线分离法、稀释混合平板法、稀释涂布平板法。但任何分离纯化的方法皆需严格的无菌操作,这样才能得到纯的菌株。

平板划线法是最简单的微生物分离纯化方法,用无菌的接种环取样品稀释液或培养物少许在平板上进行划线,划线的方法很多,常见的比较容易出现单个菌落的划线方法有斜线法、曲线法、方格法、放射法、四格法等。

平板划线法主要应用与食品致病菌进行增菌后的平板分离,当接种环在培养基表面上往后移动时,接种环上的菌液逐渐稀释,最后在所划的线上分散着单个细胞,经培养每个细胞长成一个单独的菌落。

稀释混合平板法首先将样品通过无菌水进行 10 倍系列梯度稀释,取一定量的稀释液加到无菌培养皿中,倾注 40～50℃的适宜固体培养基充分混合,待凝固后做好标记,把平板倒置在恒温培养箱中定时培养,培养后出现由单一细胞经过多次增殖后形成的一个菌落。

稀释涂布平板法首先把样本通过适当的稀释,取一定量的稀释液放在无菌的已凝固的适宜培养基琼脂平板上,然后用无菌涂布棒把稀释液均匀地涂布在培养基表面上,恒温培养即可得到单个菌落。

## 3.2 纯培养技术

纯种移植就是将纯种微生物在无菌操作条件下移植到已经灭菌且适宜该菌生长的培养基上的过程,这也是微生物实验中的一项基本操作技术。其关键在于严格的无菌操作,严防杂菌污染才能保证菌种的纯度与存活。

根据不同的实验目的和培养基种类,可以采用不同的接种方法,常用的纯种移植方法有固体斜面接种法、固体平板接种法、液体接种法和穿刺接种法。它们均以获得生长良好的纯种微生物为目的,接种方法的不同采用的接种工具也有区别,如固体斜面接种法、固体平板接种法采用接种环接种,液体接种法采用吸管接种,穿刺接种法使用接种针。

## 3.3 食品腐败微生物

食品腐败变质是指食品受到各种内外因素(例如温度、气体等)的影响,造成其原有物理性质或化学性质发生变化,降低或失去其营养价值和商品价值的过程。食品腐败变质的过程实质上是食品中碳水化合物、蛋白质、脂肪在污染微生物的作用下分解变化、产生有害物质的过程。

本实验以略微腐烂的苹果、香蕉、面包、饮料等为试验材料,采用三区划线、倾注、点植、涂布等方法从中分离出腐败菌,观察和分析其菌种及菌落形态,并将分离到的腐败菌在特定的培养环境下进行纯培养。

# 4.实验步骤

## 4.1 培养基的配制

(1)营养琼脂培养基:称取 45g 营养琼脂,加入 1000mL 水加热溶解,分装,121℃高压蒸汽灭菌,20min 后取出倒入无菌平皿中冷却凝固。

(2)土豆琼脂培养基:土豆去皮后取 300g 切成 2cm 左右的小块放入 1000mL水中煮沸 10min,两层纱布过滤补足水分,加入 20g 琼脂粉,20g 葡萄糖,氯霉素0.10g,加热溶化,分装,121℃高压蒸汽灭菌 20min。

(3)牛肉膏蛋白胨培养基:称取 10.0g 蛋白胨、牛肉膏 3.0g、氯化钠 5.0g 加入 1000mL 水中,再加入 15～20g 琼脂,115℃下高压蒸汽灭菌 20min。

## 4.2 微生物分离纯化无菌操作环节

(1)用于微生物分离与纯化的无菌室或超净工作台要经常打扫,使用前用紫外灯照射 5～10min,或用 3%～5%的石炭酸溶液喷雾消毒。

(2)操作人员需用 75%酒精棉球擦手。

(3)操作过程不得离开酒精灯火焰。

(4)棉塞不乱放。

(5)分离与纯化菌种所用工具使用前要经火焰灼烧灭菌,用后也要经火焰灼烧灭菌后才可以放在桌上。

(6)所用使用器皿、蒸馏水、培养基等均需严格灭菌。

## 4.3 采样和样品稀释液的制备

(1)采样:食品原料购买后装入无菌容器中保存备用。

(2)样品稀释液的制备:称取 10g 样品放入盛有 90 mL 无菌水的锥形瓶内,于摇床上振荡 30min,使样品中的菌体充分分散于水中,此样品标记为 $10^{-1}$。依次用 4 支装有 9 mL 无菌水的试管进行 10 倍稀释(吸取菌悬液 1mL 注入第一支盛有 9mL 无菌水的试管混匀,其稀释度为 $10^{-2}$,依次稀释制成 $10^{-3}$、$10^{-4}$、$10^{-5}$ 等的菌悬液）。

## 4.4 样品中微生物的分离纯化

（1）平板划线分离法：接种环火焰灭菌冷却后蘸取一环稀释度为 $10^{-1}$ 样品稀释液在营养琼脂平板和马铃薯葡萄糖琼脂平板上，进行连续划线。做好标记，倒置在恒温箱观察结果［细菌：$(36 \pm 1)℃$、培养 24～48h；真菌：$(28 \pm 1)℃$、培养 72～120h）］。

（2）稀释混合平板分离法：给无菌培养皿依次编号，写明稀释度、皿次、分离培养日期、组别等。用灭菌吸管吸取适宜梯度浓度的菌悬液各 1mL，分别滴加于相应的培养皿中。待热溶的营养琼脂和马铃薯葡萄糖培养基冷至 45℃ 左右，倒入滴加菌悬液的培养皿中，并使菌悬液和培养基充分混合，待凝固后，倒置在恒温箱观察结果［细菌：$(36 \pm 1)℃$、培养 24～48h；真菌：$(28 \pm 1)℃$、培养 72～120h）］。

（3）稀释涂布平板分离法：给无菌培养皿依次编号，写明稀释度、皿次、分离培养日期、组别等。用灭菌吸管吸取适宜梯度浓度的菌悬液各 0.1～0.2mL，分别滴加于对应编号的营养琼脂和马铃薯葡萄糖琼脂平板上，然后用无菌的涂布棒把稀释液均匀地涂布在培养基表面，倒置在恒温箱观察结果［细菌：$(36 \pm 1)℃$、培养 24～48h；真菌：$(28 \pm 1)℃$、培养 72～120h）］。

## 4.5 微生物分离纯化的检查

平板划线分离最后的线段应出现单独的菌落；平板混合稀释或平板涂布分离，应出现单独菌落，同一稀释度的两个培养皿的菌落数应接近。

## 4.6 纯种移植

将自平板上分离的不同菌种的单独菌落按照无菌操作要求，应用试管斜面接种法、固体平板接种法分别移植到适于该菌生长的培养基上，并做好标记。

（1）试管斜面接种法。操作前用 75% 酒精棉球擦手，将菌种管和新鲜斜面培养基握在左手的大拇指和其他四指之间，使斜面朝上，右手拿接种环，在火焰上灭菌，再用右手小指与无名指夹去试管棉塞（棉塞不可放于桌上），立即使试管口在火焰上灭菌，将烧红的接种环深入到新鲜的培养基试管上，触及培养基润湿一下，然后挑去少许菌体，用划线（细菌与酵母菌）或点接（霉菌）接种于斜面上，注意不要把培养基划破，也不要把菌沾在管壁上，该过程要迅速完成。接种后要立即灼烧管口,并加盖棉塞,同时接种环应灼烧灭菌,以免污染环境。接种后需要在接的种试管上做好标记,注明菌名、接种日期等,标注一般贴在斜面试管正上方,距试管口 2～3cm 的地方。

(2)固体平板接种法。将接种环在火焰上彻底灭菌后挑取少许菌体,左手稍稍开启培养皿盖,迅速将所挑的菌体接种在平板上,每皿等距点 1～3 点,做好标记。

## 4.7 纯种培养

将纯种移植的菌株分别按照其生长适温决定培养温度,细菌为$(36 \pm 1)$℃,培养时间 24～48h;酵母、真菌大多适于 28～30℃,真菌大多培养时间为 5～7d,酵母菌以 3～4d 为宜。培养过程中注意检查菌种的纯度,发现不纯或有杂菌污染,必须重新进行分离和纯种移植。

## 5.思考题

(1)划线分离微生物时,为什么每次都要将接种环上剩余物烧掉?
(2)恒温培养箱中培养微生物时为何需要将培养基倒置?

# 实验二十四　乳酸菌分离与食品发酵实验

## 1.实验目的

(1)掌握乳酸菌分离的方法。
(2)了解乳酸菌分离和食品发酵的原理。
(3)掌握乳酸菌的生长特性。

## 2.实验器材

恒温水浴锅、酸度计、高压蒸汽灭菌锅、超净工作台、恒温培养箱、发酵瓶、锥形瓶、试管、培养皿、接种环、无菌水、移液管、振荡器、市售酸奶或酸泡菜、牛乳粉、鲜牛奶、蔗糖、碳酸钙、牛肉膏、蛋白胨、酵母膏、葡萄糖、乳糖、氯化钠、琼脂、嗜热乳酸链球菌、保加利亚乳杆菌。

## 3.实验原理

许多种类的微生物(主要是细菌)在厌氧条件下分解己糖产生乳酸的作用称为乳酸发酵。能利用可发酵糖类产生乳酸的细菌统称为乳酸细菌。乳酸细菌多是兼性厌氧菌,在厌氧条件下经过 EMP 途径,发酵己糖进行乳酸发酵。常见的乳酸细菌有链球菌属、乳酸杆菌属、双歧杆菌属、明串珠菌属等。酸乳即是一种常见的乳酸饮料,原料经接入一定量的乳酸菌经发酵后而制成的饮料。

## 4.实验步骤

### 4.1 培养基

BCG 牛乳培养基:脱脂乳粉 100g,水 500mL,加入质量分数 1.6% 溴甲酚绿(BCG)乙醇溶液 1mL,80℃灭菌 20min。

### 4.2 乳酸菌的分离纯化

(1)分离。取市售新鲜酸乳或泡制酸菜酸液稀释至 $10^{-5}$,取其中的 $10^{-4}$、$10^{-5}$ 两个稀释度的稀释液各 0.1~0.2mL,分别接入 BCG 牛乳培养基琼脂平板上,用无菌涂布器依次涂布;或者直接用接种环蘸取原液平板划线分离,置 40℃培养 48h,如出现圆形稍扁平的黄色菌落及其周围培养基变为黄色者初步定为乳酸菌。

(2)鉴别。选取乳酸菌典型菌落转入脱脂乳试管中,40℃培养 8~24h,若牛乳出现凝固,无气泡,呈酸性,涂片镜检细胞杆状或链球状,革兰氏染色呈阳性,则可将其连续传代 4~6 次,最终选择出在 3~6h 能凝固的牛乳管,做菌种待用。

### 4.3 乳酸发酵及检测

(1)发酵。在无菌操作下将分离的一株乳酸菌接种于装有 300mL 乳酸菌培养液的 500mL 锥形瓶中,40~42℃静止培养。

（2）检测。为便于测定乳酸发酵情况，实验分两组。一组在接种培养后，每6~8h取样分析，测定pH。另一组在接种培养24h后每瓶加入碳酸钙3g（防止发酵液过酸使菌种死亡），每6~8h取样，测定乳酸含量，记录测定结果。

### 4.4 乳酸菌饮料的制作

（1）将脱脂乳和水以1:（7~10）（质量体积比）的比例，加入5%~6%的蔗糖，充分混合，于80~85℃灭菌10~15min，然后冷却至35~40℃，作为制作饮料的培养基质。

（2）将分离得到的乳酸菌的发酵液按照2%~5%的接种量接入（1）的饮料培养基质即为饮料发酵液，也可以使用市售酸乳作为发酵剂。接种后摇匀，分装到灭菌后的酸乳瓶中，随后将瓶盖拧紧密封。

（3）把接种后的酸乳瓶置于40~42℃恒温箱中培养3~4h。培养时注意观察，在出现凝乳后停止培养。然后转入4~5℃的低温下冷藏24h以上。经此后熟阶段，达到酸乳酸度适中（pH 4~4.5），凝块均匀致密，无乳清析出，无气泡，获得较好的口感和特有的风味。

（4）采用乳酸球菌和乳酸杆菌等量混合发酵的酸乳与单菌株发酵的酸乳比较口感。品尝时若出现异味，表明酸乳污染了杂菌。

## 5.注意事项

（1）采用BCG牛乳培养基琼脂平板筛选乳酸菌时，注意挑去典型特征的黄色菌落，结合镜检观察，有利于高效分离筛选乳酸菌。

（2）制作乳酸菌饮料，应选用优良的乳酸菌，采用乳酸球菌与乳酸杆菌等量混合发酵，使其具有独特风味和良好口感。

（3）牛乳的消毒应掌握适宜温度和时间，防止长时间采用过高温度消毒而破坏酸乳风味。

（4）作为卫生合格标准还应按照卫生部规定进行检测，如大肠菌群检测等。经品尝和检验，合格的酸乳应在4℃条件下冷藏，可保持6~7h。

## 6.实验结果

（1）分离到的乳酸菌的菌落形态及细胞镜检描述。

（2）发酵的酸乳品评结果（表24-1）。

表24-1 乳酸菌单菌及混合菌发酵的酸乳品评结果

| 乳酸菌类 | 品评项目 | | | | | 结论 |
|---|---|---|---|---|---|---|
| | 凝乳情况 | 口感 | 香味 | 异味 | pH | |
| 球菌 | | | | | | |
| 杆菌 | | | | | | |
| 球菌杆菌混合1:1 | | | | | | |

## 7.思考题

（1）乳酸菌分离的注意事项有哪些？

（2）乳酸菌为什么会引起发酵酸乳的凝乳？

# 实验二十五 产淀粉酶菌株的分离筛选

## 1.实验目的

（1）了解透明水解圈法筛选产淀粉酶菌株的实验原理。

（2）掌握产淀粉酶菌株的筛选步骤，能够筛选到产淀粉酶菌株，并进行初步分析。

## 2.实验器材

高速离心机、微量移液器、2mL/1.5mL离心管、棕色瓶、胶头滴管、量筒、容量瓶、锥形瓶、胰蛋白胨、酵母膏、NaCl、去离子水、可溶性淀粉、蛋白胨、酵母膏、琼脂、KI、碘。

## 3.实验原理

淀粉酶是食品工程中的一种常见酶,其种类多样,主要有以下几种:

### 3.1 α－淀粉酶

(1)特点:从底物分子内部随机内切α－1,4糖苷键生成一系列相对分子质量不等的糊精和少量低聚糖、麦芽糖和葡萄糖。不水解靠近分枝点α－1,6糖苷键外的α－1,4糖苷键。

工业上使用α－淀粉酶对淀粉进行前阶段的液化处理。

(2)来源和性质:细菌和曲霉。细菌主要是芽孢杆菌,尤其是耐热性的α－淀粉酶。

### 3.2 β－淀粉酶

每次从淀粉分子的非还原端切下两个葡萄糖单位,并且由原来的α－构型变为β－构型,只水解α－1,4糖苷键。

### 3.3 葡萄糖淀粉酶

从淀粉分子非还原端开始依次水解一个葡萄糖分子,并把构型转变为β－构型,产物为β－葡萄糖。

### 3.4 脱枝酶

水解支链淀粉、糖原等分枝点的α－1,6糖苷键。

产淀粉酶菌株的分离筛选是淀粉酶研究的基础,本实验培养功能性菌株的筛选分析和研究的完整的实验方法。

## 4.实验步骤

### 4.1 试剂的配制

(1)LB(Luria－Bertani)培养基:胰蛋白胨10g,酵母膏5g,NaCl 10g,去离子水定溶至1L,灭菌备用。每1L固体LB培养基中需再加入12g琼脂粉。

（2）产淀粉酶菌株筛选培养基：可溶性淀粉 10g，蛋白胨 5g，酵母膏 10g，琼脂 12g，蒸馏水 100mL，去离子水定溶至 1L，灭菌备用。

（3）卢戈氏碘液：将 6g KI 溶解于 20mL 蒸馏水中，再加入 4g 碘充分溶解，去离子水定容至 1L，贮存于棕色瓶中备用。

## 4.2 样品的采集

从环境中采集实验样品，装入无菌袋中，4℃保藏，带回实验室。

## 4.3 细菌的涂布和单菌落获得

将采集的样品在实验室中进行梯度稀释，涂布 LB 培养基，培养长出菌落后，再将菌落转接到产淀粉酶菌株筛选培养基，在温箱中培养 2~4 d。

## 4.4 产淀粉酶菌株的筛选和产酶活性分析

将卢戈氏碘液倒入平板中，若出现不能被染色的透明水解圈，则说明该菌株可产生淀粉酶。对初筛到的菌株进行划单菌落复筛。

## 4.5 确定菌株的产酶活性

改变温度对产酶菌株进行培养，测量水解圈与菌落直径的比值初步确定产酶活性高的菌株。

以透明圈与菌落直径的比值初步确定菌株产酶活性大小。平行测定三次。

# 5.思考题

筛选产淀粉酶菌株实验的关键步骤是什么，该如何正确操作？

# 实验二十六 产纤维素酶菌株的分离筛选

## 1.实验目的

(1)熟悉功能性菌株筛选方法。

(2)掌握产纤维素酶菌株的筛选步骤,能够筛选到产纤维素酶菌株,并进行初步分析。

## 2.实验器材

分析天平、恒温培养箱、高压灭菌锅、培养皿、烧杯、微量移液器、塑料离心管、试管、接种环、涂布棒、酒精灯、酵母粉、蛋白胨、琼脂粉、羧甲基纤维素钠、葡萄糖、刚果红、NaCl、$KH_2PO_4$、蒸馏水等材料。

## 3.实验原理

### 3.1 产酶菌株的开发策略

(1)微生物在酶开发中的优势:微生物种类繁多,它们分布在地球的各个角落,在不同的环境条件下生存的微生物有着不同的代谢方式,能分解利用不同的底物。不同环境下的微生物,具有不同特性的酶类,为酶的多样性提供了良好的物质基础。微生物的生长繁殖速率快,生活周期短。因此,利用微生物来生产酶产品,生产能力比较容易扩大,能够满足快速扩张的市场需求。微生物的基因工程操作较容易,提高了微生物酶资源的开发潜力。因此,微生物是一种很好的酶学研究工具。

(2)微生物酶开发的一般步骤:

①采集样品。采样的目的、采样地点、采样方法及采样的数量。

②菌种分离。根据需要,设计培养基的成分和配比,确定培养条件。

③初筛。一般以筛选培养基或特殊的培养条件,用简单的定性反应对特定的产酶菌株进行初筛,促进目的菌株的繁殖。

④复筛。初筛之后,还要进行菌种复筛。复筛的目的是在初筛的基础上,筛选产酶较量高、性能更符合生产要求的菌种。在复筛过程中,建立起简洁可靠的酶活测定方法非常重要。

一般对复筛菌株的要求有:不是致病菌,菌株不易变易和退化,不易感染噬菌体,微生物产酶量高,酶的性质符合应用的需要,而且最好是胞外酶,产生的酶便于分离和提取,产率高,微生物培养营养需求较低。

(3)最佳产酶条件的初步确定。需要确定培养方式,最佳培养条件的组合,微生物产酶的特性(胞内酶、胞外酶),微生物酶收集的顺序。

(4)微生物产酶性能的进一步提高。提高微生物产酶性能的方法有:获得高产菌种的突变体,利用代谢工程和代谢调节机理来提高微生物的酶产量,运用遗传工程、基因工程的手段将原有菌株中的目的基因转移到另外一些对生产环境更适应性的微生物细胞之内,使其高效表达。

## 3.2 纤维素与纤维素酶

纤维素是地球上分布最广的碳水化合物。它无色、无味,呈白色丝状,不溶于水及一般的有机溶剂。纤维素分子是由葡萄糖苷通过 $\beta$ - 1,4 糖苷键连接起来的链状高分子,分子量较大,一般在 50000 ~ 2500000,相当于 300 ~ 15000 个葡萄糖基,不形成螺旋构象,没有分支结构,容易形成晶体。

纤维素酶是能将纤维素水解成还原糖的一类酶系的总称。目前普遍认为要完全降解纤维素,至少需要 3 种功能不同的酶协同作用。它们是 EG(内切葡聚糖酶)、CBH(外切葡聚糖酶)和 CB( $\beta$ - 葡萄糖苷酶)。

纤维素酶广泛应用于食品、酿造、农业、纺织、洗衣等多个领域中。食品工业中利用纤维素酶处理植物性原料,可使植物细胞壁软化、崩溃,从而改变细胞壁的通透性,提高细胞内含物如蛋白质、糖等的释放与提取,便于加工。另外,在过去果实和蔬菜的加工过程中,软化植物组织的办法主要采用热烫或者酸碱处理,使得果蔬的香味和维生素大量损失,使产品的食用和营养价值下降。现在利用纤维素酶进行预处理就可以避免这些缺点。酱油酿造主要利用蛋白酶、淀粉酶等酶类对原料进行酶解,若再使用纤维素酶,使大豆等原料的细胞膜膨胀软化破坏,使包藏在细胞中的蛋白质、碳水化合物释放,这样就可以缩短酿造的时间,提高产率,同时还提高品质,使氨基酸还原糖含量增加。在啤酒、葡萄酒的酿造过程中也使用到纤维素酶。在低质量大麦发芽的过程中加入纤维素酶可水解 β-1,3和β-1,4葡聚糖从而帮助大麦发芽。纤维素酶可以提高啤酒的过滤效率,也能增加葡萄酒的香味。由于畜禽饲料中含有大量的纤维素,除某些反刍动物有分解纤维素的能力外,大部分畜禽没有此能力,纤维素酶能够分解复杂的纤维素,生成易消化物质葡萄糖,便于动物吸收,在饲料中添加了纤维素酶后,其提高家畜家禽生长性能、生产性能等效果显著。

### 3.3 刚果红染色法筛选产纤维素酶菌株的原理

纤维素酶可以将培养基中的羧甲基纤维素水解为小分子量的低聚糖、二糖或单糖,刚果红与羧甲基纤维素结合后显红色,而与小分子量糖类结合不显红色,因此产纤维素酶菌株周围出现透明水解圈(图26-1)。对初筛到的菌株进行划单菌落复筛。改变温度对产纤维素酶菌株进行培养,测量透明水解圈与菌落直径的比值初步确定产纤维素酶活性高的菌株。

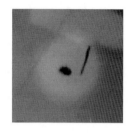

图26-1 透明水解圈

# 4.实验步骤

## 4.1 培养基的配制

1L LB(Luria-Bertani)液体培养基:蛋白胨10g,酵母粉5g,NaCl 10g。每L LB固体培养基还需加琼脂粉12g。

1L产纤维素酶菌株筛选培养基:羧甲基纤维素钠10g,蛋白胨10g,酵母粉10g,$KH_2PO_4$ 1g,NaCl 5g,葡萄糖2g,琼脂粉12g,高压灭菌备用。

## 4.2 产纤维素酶菌株的筛选

将菌株转接到产纤维素酶菌株筛选培养基,在温箱中培养1~3d,然后将0.5%的刚果红倒入培养基中染色5min,倒掉刚果红后,使用5%的NaCl溶液浸泡脱色1h。若菌株周围有透明水解圈出现,则说明该菌株产纤维素酶。

## 4.3 菌株保藏

将菌种悬浮在甘油蒸馏水中,置于低温下保藏,本法较简便,但需置备低温

冰箱。保藏温度若采用 -20℃,保藏期为 0.5 ~ 1 年,而采用 -80℃,保藏期可达
10 年。本实验中采用的 -80℃进行保藏菌种。

取菌种保藏管,标上菌株名称和日期,倒入 50% 的甘油(121℃蒸汽灭菌
20min)和 50% 的菌液,上下颠倒,混匀,放入 -80℃冰箱中。

## 5.思考题

(1)将筛选到的产酶菌株的透明圈照片粘贴在报告册上,分析筛选结果。
(2)结合实验操作过程,总结产纤维素酶菌株筛选的注意事项。

# 实验二十七　产蛋白酶菌株的分离筛选

## 1.实验目的

(1)了解透明水解圈法筛选产蛋白酶菌株的实验原理。
(2)掌握产蛋白酶菌株的筛选方法。

## 2.实验器材

分析天平、恒温培养箱、高压灭菌锅、培养皿、烧杯、锥形瓶、微量移液器、塑料
离心管、试管、接种环、涂布棒、酒精灯、大豆、干酪素、NaOH、琼脂粉、蒸馏水等材料。

## 3.实验原理

蛋白酶是能水解蛋白质的一类酶的总称。微生物作为生物界最大的类群,
在种类和生理特征上,都具有显著的多样性特征。微生物蛋白酶的一个特点是
具有多样性和复杂性,通常一株菌株可以分泌一种或多种蛋白酶。不同微生物
菌种分泌的蛋白酶虽然具有一些共同的性质,但在底物特异性、作用条件、抑制
剂等方面均存在着一定的差异。根据蛋白酶作用的条件,可以将其分成酸性蛋

白酶和碱性蛋白酶等类型。

酸性蛋白酶是一种适合在酸性条件下水解蛋白质为小肽和氨基酸的酶类。酸性蛋白酶最早发现于20世纪初，一般包括胃蛋白酶、凝乳酶和一些微生物蛋白酶。1970年上海工业微生物研究所首先从黑曲霉中筛选出一株产酸性蛋白酶菌株，并和上海酒精厂协作进行中试生产，填补了我国酸性蛋白酶制剂的空白。因酸性蛋白酶作用的pH不易引起细菌繁殖，从而不易引起腐败发生，因此在很多领域中都有广泛的应用。酸性蛋白酶在食品加工业中也有着广泛的应用。在啤酒酿造中，由于酸性蛋白酶的性质，它不仅能在啤酒的发酵过程中降解麦芽中的蛋白质，还能防止啤酒在贮存时期的"冷混浊"现象。在白酒及黄酒酿造中，无论是作用的pH值，还是发酵温度，酸性蛋白酶均比较适合于发酵的生产。酸性蛋白酶能使植物蛋白降解，增加酵母菌的产酒能力，提高发酵速度，缩短发酵周期。另一方面，它能破坏原料细胞壁，能促使原料中的淀粉释放，利于糖化酶的作用，使原料中可利用的糖增加，从而提高淀粉出酒率。酸性蛋白酶可以有效地促进酱油中的蛋白质分解，进而提高原料利用率和酱油质量。在食醋酿造中，酸性蛋白酶能催化发酵原料中蛋白质的充分水解，从而增加醋液中氨基酸的含量，提高食醋的营养成分。

碱性蛋白酶是指在碱性的条件下具有活性，能够水解蛋白质肽键的酶类。最早发现于猪胰脏中，1945年瑞士Dr. Jaag等人在地衣芽孢杆菌中发现了这类酶。微生物来源的碱性蛋白酶都是胞外酶，与动、植物来源的碱性蛋白酶相比还具有适于大规模工业化生产的优点。碱性蛋白酶主要应用于洗涤及皮革等行业中，99%以上洗涤剂均添加了碱性蛋白酶。从自然界筛选得到的碱性蛋白酶生产菌株的酶活性一般比较低，有些酶特性不能直接应用于工业化生产。因此，需要对产酶菌株进行定向或非定向改造以提高原始菌株产酶能力及特性，以符合生产要求。

在菌株开发研究中，因待筛选的菌株可以产生蛋白酶，所以其能在含有蛋白质的培养基上生长，其产生的蛋白酶为胞外蛋白酶，能将周围的蛋白质水解，从而形成了透明水解圈。透明水解圈的大小反映了菌落利用营养物质的能力，常作为初步筛选菌落的快速方法。本实验将大豆浸泡液中的细菌接种在含有干酪素的培养基上进行初筛培养。由于产蛋白酶菌株能在干酪素的培养基上形成无色透明圈，因此可以将产蛋白菌株分离出来。初筛分离出来的菌株经复筛培养，可获得产酶活性较高的纯种产蛋白酶菌株。

## 4.实验步骤

### 4.1 干酪素琼脂培养基的配制

称取干酪素 4.0g,用 20mL 0.1mol/L NaOH 溶液溶解后再加 20g 琼脂,加蒸馏水煮沸加水至 1000mL 121℃灭菌 30min 备用。将快要冷却的培养基倒入培养皿中,注意不要染菌。

### 4.2 细菌悬液的制备

将腐烂的大豆放入无菌水中浸泡,制成细菌悬浮液。

### 4.3 产蛋白酶菌株的初筛

将待筛选的细菌悬浮液进行梯度稀释,接种到干酪素琼脂培养基上,置于 37℃培养箱中倒置培养 24~48h,使培养基中长出菌落。观察各菌落周围形成的透明圈的情况。

### 4.4 产蛋白酶菌株的复筛

选取透明圈较大的五个菌落分别接种在干酪素琼脂培养基上,28℃培养 48h。记录菌落直径和透明圈直径。计算 HC 值,HC 值 = 透明圈直径/菌落直径。筛选出产蛋白酶活性较高的菌落。

## 5.思考题

(1)拍照记录筛选到的产蛋白酶菌株的透明圈情况,将结果粘贴在报告册上,计算 HC 值。

(2)根据实验操作过程,总结产蛋白酶菌株筛选的注意事项。

# 实验二十八  食品样品的采集与处理

## 1.实验目的

（1）了解不同种类食品样品采集目的和方法。

（2）了解生产工序监测方法。

## 2.实验器材

无菌勺、无菌刀、无菌镊子、无菌注射器、无菌采样板、无菌棉签。

## 3.实验原理

在食品的检验中,样品的采集是极为重要的一个步骤。所采集的样品必须具有代表性,这就要求检验人员不但要掌握正确的采样方法,而且要了解食品加工的批号、原料的来源、加工方法、保藏条件、运输、销售中的各环节以及销售人员的责任心和卫生知识水平等。样品可分为大样、中样、小样三种。大样指一整批;中样是从样品各部分取的混合样,一般为 200g;小样又称为检样,一般以 25g 为准用于检验。样品的种类不同,采样的数量及采样的方法也不一样。但一切样品的采集必须具有代表性,即所取的样品能够代表食物的所有成分。如果采集的样品没有代表性,即使一系列检验工作非常精密、准确,其结果也毫无价值,甚至会出现错误的结论。

## 4.实验步骤

### 4.1 不同类型的食品应采用不同的工具和方法

（1）液体食品充分混匀,以无菌操作开启包装,用 100 mL 无菌注射器抽取,注入无菌盛样容器。

（2）半固体食品以无菌操作拆开包装，用无菌勺子从几个部位挖取样品，放入无菌盛样容器。

（3）固体食品大块整体食品应用无菌刀具和镊子从不同部位割取，割取时应兼顾表面与深部，注意样品的代表性；小块大包装食品应从不同部位的小块上切取样品，放入无菌盛样容器。

（4）冷冻食品大包装小块冷冻食品按小块个体采取；大块冷冻食品可以用无菌刀从不同部位削取样品或用无菌小手锯从冻块上锯取样品，也可以用无菌钻头钻取碎屑状样品，放入盛样容器。

固体食品和冷冻食品的取样还应注意检验目的，若需检验食品污染情况，可取表层样品；若需检验其品质情况，应取深部样品。

## 4.2 生产工序监测

（1）车间用水。自来水样从车间各水龙头上采取冷却水；汤料等从车间容器不同部位用 100mL 无菌注射器抽取。

（2）车间台面、用具及加工人员手的卫生监测。用 5cm² 孔无菌采样板及 5 支无菌棉签擦拭 25cm² 面积。若所采表面干燥，则用无菌稀释液润湿棉签后擦拭；若表面有水，则用干棉签擦拭，擦拭后立即将棉签头用无菌剪刀剪入盛样容器。

（3）车间空气采样。直接降尘法。将 5 个直径 90mm 的普通营养琼脂平板分别置于车间的四角和中部，打开平皿盖 5min，然后送检。

## 4.3 样品的送检

（1）采集好的样品应及时送到食品微生物检验室，一般不应超过 3h。如果路途遥远，可将不需冷冻的样品保持在 1～5℃ 的环境中，勿使冻结，以免细菌遭受破坏；如需保持冷冻状态，则需保存在泡沫塑料隔热箱内（箱内装干冰可维持在 0℃ 以下），应防止反复冻融。

（2）样品送检时必须认真填写申请单，以供检验人员参考。

（3）检验人员接到送检单后应立即登记填写序号，并按检验要求，立即将样品放入冰箱或冰盒中，并积极准备条件进行检验。

（4）食品微生物检验室必须备有专用冰箱存放样品，一般阳性样品发出报告后 3d（特殊情况可适当延长）方能处理样品；进口食品的阳性样品，需保存 6 个月方能处理；阴性样品可及时处理。

## 4.4 食品微生物检验样品的处理

样品处理应在无菌室内进行。若是冷冻样品必须事先在原容器中解冻,解冻温度为 2～5℃不超过 18h 或 45℃不超过 15min。

一般固体食品的样品处理方法有以下几种:

(1)捣碎均质方法:将 100g 或 100g 以上样品剪碎混匀,从中取 25g 放入含 225mL 稀释液的无菌均质杯中,以 8000～10000r/min 均质 1～2min,这是对大部分食品样品都适用的办法。

(2)剪碎振摇法:将 100g 或 100g 以上样品剪碎混匀,从中取 25g 进一步剪碎,放入含有 225mL 稀释液和适量直径 5mm 左右玻璃珠的稀释瓶中,盖紧瓶盖,用力快速振摇 50 次,振幅不小于 40cm。

(3)研磨法:将 100g 或 100g 以上样品剪碎混匀,从中取 25g 放入无菌乳钵充分研磨后,再放入含有 225mL 无菌稀释液的稀释瓶中,盖紧盖后充分摇匀。

(4)整粒振摇法完整自然保护膜的颗粒状样品(如蒜瓣、青豆等)可以直接称取 25g 整理样品置含有 225mL 无菌稀释液和适量玻璃珠的无菌稀释瓶中,盖紧瓶盖,用力快速振摇 50 次,振幅在 40cm 以上。冻蒜瓣样品若剪碎或均质,由于大蒜素的杀菌作用,所得结果大大低于实际水平。

(5)胃蠕动均质法:这是国外使用的一种新型的均质样品的方法。将一定量的样品和稀释液放入无菌均质袋中,开机均质。均质器有一个长方形金属盒,其旁安有金属叶板,可打击均质袋,金属叶板由一恒速马达带动,做前后移动而撞碎样品。

## 5.思考题

简述 ICMSF 采样方案中的二级和三级方案。

# 实验二十九  食品中黄曲霉毒素的检测

## 1.实验目的

(1)了解不同种类食品中黄曲霉毒素的提取净化方法。

(2)掌握黄曲霉毒素的荧光光度法检测技术。

## 2.实验器材

### 2.1 试剂

甲醇(色谱纯)、氯化钠、磷酸氢二钠、磷酸二氢钾、氯化钾、溴溶液储备液(0.01%)、溴溶液工作液(0.002%)、二水硫酸奎宁、硫酸溶液(0.05 mol/L)、荧光光度计校准溶液(称取 3.40g 硫酸奎宁用 0.05mol/L 硫酸溶液稀释至 100mL,此溶液荧光光度计读数相当于 20μg/L 黄曲霉毒素标准溶液)。

### 2.2 仪器和设备

荧光光度计、均质器、黄曲霉毒素免疫亲和色谱柱、玻璃纤维滤纸、玻璃注射器、试管、空气压力泵。

## 3.实验原理

霉菌毒素,也称真菌毒素,是真菌产生的有毒代谢产物。这些毒性产物,有的是排出于所生长的基质中,有的是存在于菌体中,当人或动物直接或间接摄入含有毒的基质或菌体时,有时甚至从呼吸道吸入或接触到含有毒素的基质后,便可能发生全身或局部中毒。适合真菌产生毒素的基质主要为谷物及含有丰富糖类和适量蛋白质等食物。

试样经过甲醇—水提取,提取液经过滤、稀释后,滤液经过含有黄曲霉毒素特异抗体的免疫亲和色谱净化,此抗体对黄曲霉毒素 $B_1$、黄曲霉毒素 $B_2$、黄曲霉毒素 $G_1$、黄曲霉毒素 $G_2$ 具有专一性,黄曲霉毒素交联在色谱介质中的抗体上。用水将免疫亲和色谱柱上杂质除去。以甲醇通过免疫亲和色谱柱洗脱,加入溴溶液衍生,以提高测定灵敏度。洗脱液通过荧光光度计测定黄曲霉毒素(黄曲霉毒素 $B_1$、黄曲霉毒素 $B_2$、黄曲霉毒素 $G_1$、黄曲霉毒素 $G_2$)总量。

## 4.实验步骤

常见的真菌毒素已经发现的达 300 余种,在食品检测中主要是针对黄曲霉毒素。以下介绍的方法适用于玉米、花生及其制品(花生酱、花生仁、花生米)、大米、小麦、植物油脂、酱油、食醋等食品中黄曲霉毒素的测定。

样品中黄曲霉毒素的检出限：免疫亲和色谱净化荧光光度法测定黄曲霉毒素 $B_1$、黄曲霉毒素 $B_2$、黄曲霉毒素 $G_1$、黄曲霉毒素 $G_2$ 总量检出限为 1mg/kg，酱油样品中检出限为 2.5μg/kg。

## 4.1 黄曲霉毒素的提取

（1）大米、玉米、小麦、花生及其制品。准确称取经过磨细（粒度小于 2mm）的试样 25.0g 于 250mL 具塞锥形瓶中，加入 5.0g 氯化钠及甲醇—水（7＋3）至 125.0mL（$V_1$），以均质器高速搅拌提取 2min。定量滤纸过滤，准确移取 15.0mL（$V_2$）滤液并加入 30.0mL（$V_3$）水稀释，用玻璃纤维滤纸过滤 1～2 次，至滤液澄清，备用。

（2）植物油脂。准确称取试样 25.0g 于 250mL 具塞锥形瓶中，加入 5.0g 氯化钠及加甲醇—水（7＋3）至 125.0mL（$V_1$），以均质器高速搅拌提取 2min。定量滤纸过滤，准确移取 15.0mL（$V_2$）滤液并加入 30.0mL（$V_3$）水稀释，用玻璃纤维滤纸过滤 1～2 次，至滤液澄清，备用。

（3）酱油。准确称取试样 50.0g 于 250.0mL 具塞锥形瓶中，加入 2.5g 氯化钠及加入甲醇—水（8＋2）至 100.0mL（$V_1$），以均质器高速搅拌提取 1min。定量滤纸过滤，准确移取 10.0mL（$V_2$）滤液并加入 40.0mL（$V_3$）水稀释，用玻璃纤维滤纸过滤 1～2 次，至滤液澄清，备用。

（4）食醋。准确称取 5.0g 样品，加入 1.0g 氯化钠，以 pH 7.0 磷酸盐缓冲溶液稀释至 25.0mL（$V_1$），混匀，定量滤纸过滤。取 10.0mL（$V_2$）滤液加入 10.0mL（$V_3$）缓冲液，混匀，以玻璃纤维滤纸过滤 1～2 次，至滤液澄清，备用。

## 4.2 黄曲霉毒素的净化

（1）大米、玉米、小麦、花生及其制品和植物油脂。将免疫亲和色谱柱连接于 20.0mL 玻璃注射器下。准确移取 15.0mL（$V_4$）样品提取液注入玻璃注射器中，将空气压力泵与玻璃注射器连接，调节压力使溶液以约 6mL/min 流速缓慢通过免疫亲和色谱柱，直至 2～3mL 空气通过柱体。以 10mL 水淋洗柱子两次，弃去全部流出液，并使 2～3mL 空气通过柱体。准确加入 1.0mL（$V$）色谱级甲醇洗脱，流速为 1～2mL/min，收集全部洗脱液于玻璃试管中，供检测用。

（2）酱油。将免疫亲和色谱柱连接于 10.0mL 玻璃注射器下。准确移取 10.0 mL（$V_4$）酱油样品提取液注入玻璃注射器中，将空气压力泵与玻璃注射器连接，调节压力使溶液以 6mL/min 流速缓慢通过免疫亲和色谱柱。用 10mL 0.1% 的吐温 -20/PBS 清洗,再以 10mL 水清洗柱子两次,弃去全部流出液,并使 2～3mL 空气通过柱体。准确加入 1.0mL($V$)色谱级甲醇洗脱,流速为 1～2mL/min,收集全部洗脱液于玻璃试管中,供检测用。

（3）食醋。将免疫亲和色谱柱连接于 10.0mL 玻璃注射器下。准确移取10.0 mL($V_4$)食醋样品提取液注入玻璃注射器中,将空气压力泵与玻璃注射器连接,调节压力使溶液以约 6mL/min 流速缓慢通过免疫亲和色谱柱,用 10mL 0.1% 的吐温 -20/PBS 溶液清洗,再以 10mL 水清洗柱子两次,弃去全部流出液,并使 2～3mL 空气通过柱体。准确加入 1.0mL($V$)色谱级甲醇洗脱,流速为 1～2mL/min,收集全部洗脱液于玻璃试管中,供检测用。

### 4.3 黄曲霉毒素的测定

（1）荧光光度计校准在激发波长 360nm,发射波长 450nm 条件下,以 0.05 mol/L 硫酸溶液为空白,调节荧光光度计的读数值为 0.0μg/L;以荧光光度计校准溶液调节荧光光度计的读数值为 20.0μg/L。

（2）样液测定取上述净化后的甲醇洗脱液加入 1.0mL 0.002% 溴溶液,混匀,静置1min,按荧光光度计校准条件进行操作,于荧光光度计中读取样液中黄曲霉毒素(黄曲霉毒素 $B_1$、黄曲霉毒素 $B_2$、黄曲霉毒素 $G_1$、黄曲霉毒素 $G_2$)的浓度 $C$(μg/L)。

### 4.4 空白试验

用水代替试样,按提取、净化、测定步骤做空白试验。

### 4.5 结果计算

样品中黄霉毒素(黄曲霉毒素 $B_1$、黄曲霉毒素 $B_2$、黄曲霉毒素 $G_1$、黄曲霉毒素 $G_2$)的含量($X_2$)以微克每千克表示,计算结果表示到小数点后一位。按式(1)计算:

$$X_2 = \frac{(C_2 - C_0)V}{W} \tag{1}$$

$$W = \frac{m}{V_1} \times \frac{V_2}{(V_2 + V_3)} \times V_4 \tag{2}$$

式中:$X_2$——样品中黄曲霉毒素 $B_1$、黄曲霉毒素 $B_2$、黄曲霉毒素 $G_1$、黄曲霉

毒素 $G_2$ 含量，μg/Kg；

$C_2$——试样中黄曲霉毒素 $B_1$、黄曲霉毒素 $B_2$、黄曲霉毒素 $G_1$、黄曲霉毒素 $G_2$ 的含量，μg/L；

$C_0$——空白试验黄曲霉毒素 $B_1$、黄曲霉毒素 $B_2$、黄曲霉毒素 $G_1$、曲霉毒素 $G_2$ 的含量，μg/L；

$V$——最终甲醇洗脱液体积，mL；

$W$——最终净化洗脱液所含的试样质量，g；

$M$——试样称取的质量的数值，g；

$V_1$——样品和提取液总体积，mL；

$V_2$——稀释用样品滤液体积，mL；

$V$——稀释液体积，mL；

$V_4$—— 通过免疫亲和色谱柱的样品提取液体积，mL。

## 5.结果与报告

报告样品中黄曲霉毒素的含量。

## 6.思考题

黄曲霉毒素的危害有哪些?

# 实验三十　食品中沙门氏菌的检测

## 1.实验目的

（1）了解食品中沙门氏菌检验的安全学意义。

（2）掌握食品中沙门氏菌的检验原理和方法。

## 2.实验器材

### 2.1 实验器材

恒温培养箱、天平、移液管或微量移液器及吸头、锥形瓶、试管、培养皿、pH计或 pH 比色管或精密 pH 试纸、均质器、振荡器、电炉、酒精灯、瓷量杯等。微生物实验室常规灭菌及培养设备。

### 2.2 试剂

缓冲蛋白水(BPW);四硫磺酸钠煌绿(TTB)增菌液;亚硒酸盐胱氨酸(SC)增菌液;亚硫酸铋琼脂(BS)琼脂;HE 琼脂或木糖赖氨酸脱氧胆盐(XLD)琼脂或沙门氏菌属显色培养基;三糖铁(TSI)琼脂;蛋白胨水靛基质试剂;尿素琼脂(pH 7.2);氰化钾(KCN)培养基;赖氨酸脱羧酶试验培养基;糖发酵管;邻硝基酚β - D半乳糖苷(ONPG)培养基;丙二酸钠培养基,沙门氏菌 O 和 H 诊断血清等。

## 3.实验原理

沙门氏菌属是一大群寄生于人类和动物肠道的微生物,其生化反应和抗原构造相似于革兰氏阴性杆菌。种类繁多,少数只对人致病,其他对动物致病。主要引起人类伤寒、副伤寒以及食物中毒或败血症。在世界各地的食物中毒中,沙门氏菌食物中毒常占首位或第二位。按国家标准方法,沙门氏菌的检验有五个基本步骤:前增菌、选择性增菌、选择性平板分离、生化试验鉴定到属、血清学分型鉴定。

### 3.1 前增菌

用无选择性的培养基使处于濒死状态的沙门氏菌恢复活力。沙门氏菌在食品加工、储藏等过程中,常常受到损伤而处于濒死状态,因此对食品检验沙门氏菌时应进行前增菌,即用不加任何抑菌剂的培养基缓冲蛋白胨水(BPW)进行增菌。一般增菌时间为 8 ~ 18h,不宜过长,因为 BPW 培养基中没有抑菌剂,时间太长了,杂菌也会相应增多。

## 3.2 选择性增菌

前增菌后需要选择性增菌,使沙门氏菌得以增殖,而大多数其他细菌受到抑制。沙门氏菌选择性增菌常用的增菌液有:亚硒酸盐胱氨酸(SC)增菌液、四硫磺酸钠煌绿(TTB)增菌液。这些选择性培养基中都加入有抑菌剂,SC 培养基中的亚硒酸盐与某些硫化物形成硒硫化合物可起到抑菌作用,胱氨酸可促进沙门氏菌生长;TTB 中的主要抑菌剂为四硫磺酸钠和煌绿。SC 更适合伤寒沙门氏菌和甲型副伤寒沙门氏菌的增菌,最适增菌温度为36℃;而 TTB 更适合其他沙门氏菌的增菌,最适增菌温度为42℃,时间皆为 18~24h。所以增菌时,必须用一个 SC,同时再用一个 TTB,培养温度也有差别,这样可提高检出率,以防漏检。因为沙门氏菌有 2000 多个血清型,一种增菌液不可能适合所有的沙门氏菌增菌,因此,沙门氏菌增菌要同时用两种以上的培养基增菌。

## 3.3 平板分离沙门氏菌

分离沙门氏菌的培养基为选择性鉴别培养基。经过选择性增菌后大部分杂菌已被抑制但仍有少部分杂菌未被抑制。因此在设计分离沙门氏菌的培养基时,应根据沙门氏菌及与其相伴随的杂菌的生化特性,在培养基中加入指示系统,使沙门氏菌的菌落特征与杂菌的特征能最大限度地区分开,这样才能将沙门氏菌分离出来。沙门氏菌主要来源于粪便,而粪便中埃希氏菌属占绝对优势,所以选择性增菌后与沙门氏菌相伴随的主要是埃希氏菌属。因此,在培养基中加入的指示系统主要是使沙门氏菌和埃希氏菌属的菌落特征最大限度地分开。由沙门氏菌和埃希氏菌属的生化特性可知沙门氏菌乳糖试验阴性,而埃希氏菌属乳糖试验阳性,因而在培养基中加入乳糖和酸碱指示剂作为乳糖指示系统。沙门氏菌亚属Ⅰ、Ⅱ、Ⅳ、Ⅴ、Ⅵ绝大部分不分解乳糖,不产酸,培养基中的指示剂不会发生颜色变化,菌落颜色也不会发生变化;而埃希氏菌属分解乳糖产酸,使培养基中酸碱指示剂发生颜色反应,所以菌落亦发生颜色变化,呈现出不同的颜色,因此可以通过菌落颜色变化将埃希氏菌和沙门氏菌最大限度地区别开。但是沙门氏菌亚属Ⅲ,即亚利桑那菌,大部分能分解乳糖,这样光靠乳糖指示系统不能将亚属Ⅲ和埃希氏菌属区别开来。因此,要将亚属Ⅲ和埃希氏菌属区别开,必须再增加一个指示系统,即硫化氢指示系统。因为亚属Ⅲ绝大部分硫化氢试验阳性,而埃希氏菌属硫化氢试验阴性。硫化氢指示系统中有含硫氨基酸及二价铁盐,亚属Ⅲ分解含硫氨基酸产生硫化氢,硫化氢与铁盐反应生成硫化铁

(FeS)黑色化合物,因此菌落为黑色或中心黑色。乳糖指示系统主要是为了分离沙门氏菌亚属Ⅰ、Ⅱ、Ⅳ、Ⅴ、Ⅵ,硫化氢指示系统主要是为了分离亚属Ⅲ。

常用的分离沙门氏菌的选择性培养基有亚硫酸铋(BS)琼脂、木糖赖氨酸脱氧胆盐(XLD)琼脂、HE琼脂、沙门氏菌属显色培养基。BS中没有乳糖指示系统,培养基中只有葡萄糖,沙门氏菌利用葡萄糖将亚硫酸铋还原为硫化铋,产硫化氢的菌株形成黑色菌落,其色素掺入培养基内并扩散到菌落周围,对光观察有金属光泽,不产硫化氢的菌株形成绿色的菌落。XLD、HE、显色培养基中既有乳糖指示系统,又有硫化氢指示系统。例如,HE的乳糖指示系统中的酸碱指示剂为溴麝香草酚蓝分解乳糖的菌株产酸使溴麝香草酚蓝变为黄色,菌落亦为黄色。不分解乳糖的菌株分解牛肉膏蛋白胨产碱,使溴麝香草酚蓝变为蓝绿色或蓝色,菌落亦呈蓝绿色或蓝色。

BS较其他培养基选择性强,即抑菌作用强以至于沙门氏菌生长亦被减缓,所以要适当延长培养时间,培养40~48h。而XLD、HE、显色培养基相对于BS来说选择性弱,再者BS更适合于分离伤寒沙门氏菌。一种培养基不可能适合所有的沙门氏菌分离,因此,分离沙门氏菌要同时用两种以上的培养基,必须用一个BS,同时再用一个XLD或HE或显色培养基,这样互补,可提高检出率,以防漏检。

## 3.4 生化试验鉴定到属

在沙门氏菌选择性琼脂平板上符合沙门氏菌特征的菌落,只能说可能是沙门氏菌,也可能是其他杂菌。因为肠杆菌科中的某些菌属和沙门氏菌在选择性平板上的菌落特征相似,而且埃希氏菌属中的极少部分菌株也不发酵乳糖,所以只能称其为可疑沙门氏菌,是不是沙门氏菌,还需要做生化试验进一步鉴定。首先做初步的生化试验,然后再做进一步的生化试验。初步生化试验做三糖铁(TSI)琼脂试验和赖氨酸脱羧酶试验。三糖铁琼脂试验主要是测定细菌对葡萄糖、乳糖、蔗糖的分解、产气和产硫化氢情况,可谓一举多得。培养基做好后,摆成高层斜面,培养基颜色为砖红色。接种时将典型或可疑菌株先在斜面划线、后底层穿刺接种,再接种于(接种针不要灭菌)赖氨酸脱羧酶试验培养基,初步生化试验为沙门氏菌可疑时,需要进一步的生化试验。

进一步的生化试验,即在接种三糖铁琼脂和赖氨酸脱羧酶试验培养基的同时,可直接接种蛋白胨水(供做靛基质试验)、尿素琼脂(pH 7.2)、氰化钾(KCN)培养基,也可在初步判断结果后从营养琼脂平板上挑取可疑菌落接种,按生化试验反应判定结果。

## 3.5 血清学分型试验

可疑菌株被鉴定为沙门氏菌属后,进行血清学分型鉴定,以确定菌型。血清学分型试验采用玻片凝集试验。血清有单因子血清、多因子血清及多价血清。含有一种抗体的血清称单因子血清,含有两种抗体的血清称为复因子血清,含有两种以上抗体的血清称为多价血清。市售沙门氏菌血清有 11 种因子血清、30 种因子血清、57 种因子血清和 163 种因子血清。11 种因子血清只能鉴定 A ~ F 群中个别常见的菌型,30 种因子血清只能鉴定 A ~ F 群中最常见的菌型,57 种因子血清能够鉴定 A ~ F 群中常见的菌型,163 种因子血清基本上可鉴定出所有的沙门氏菌。

## 3.6 血清型(菌型)鉴定原则

先用多价血清鉴定,再用单因子血清鉴定;先用常见菌型的血清鉴定,后用不常见菌型的血清鉴定。95% 以上的沙门氏菌属于 A ~ F 6 个群,引起人类疾病的沙门氏菌主要在 A ~ F 6 个群中。常见的菌型只有 20 多个,因此应先用 A ~ F 群的血清鉴定,后用 A ~ F 群以外的血清鉴定,以确定 O 群;确定 O 群后,再用 H 因子血清确定菌型。H 抗原的鉴定,也是先用常见菌型的 H 抗原的血清去鉴定,再用不常见菌型的 H 抗原的血清鉴定。

# 4. 实验步骤

## 4.1 前增菌

称取 25g(mL)检样置于盛有 225 mL BPW 的无菌均质杯中,以 8000 ~ 10000rpm 均质 1 ~ 2min,或放入盛有 225mL BPW 的无菌均质袋中,用拍击式均质器拍打 1 ~ 2min,若检样为液态,不需要均质,振荡混匀,如需要测定 pH 值,用 1mol/L 无菌 NaOH 或 1mol/L HCl 调节 pH 至 6.8 ±0.2。以无菌操作将样品转至 500mL 锥形瓶中,如用均质袋,可直接培养,于(36 ±1)℃培养 8 ~ 18h。如为冷冻产品,应在 45℃以下不超过 15min,或 2 ~ 5℃不超过 18h 解冻。

## 4.2 增菌

轻轻摇动培养过的样品混合物,移取 1mL,转种于 10mL 四硫磺酸钠煌绿(TTB)增菌液内,于(42±1)℃培养 18～24h。同时,另取 1mL,转种于 10mL 亚硒酸盐胱氨酸(SC)增菌液内,于(36±1)℃培养 18～24h。

## 4.3 选择性平板分离

将增菌培养液混匀,分别用接种环取 1 环,划线接种于一个亚硫酸铋琼脂(BS)平板和一个 XLD 琼脂平板(或 HE 琼脂平板或沙门氏菌属显色培养基平板)。于(36±1)℃分别培养 18～24h(XLD 琼脂平板、HE 琼脂平板沙门氏菌属显色培养基平板)或 40～48h(BS 琼脂平板),观察各个平板上生长的菌落,沙门氏菌属在各个平板上的菌落特征见表 30 – 1。

表 30 – 1　沙门氏菌属在不同选择性琼脂平板上的菌落特征

| 选择性琼脂平板 | 沙门氏菌 |
|---|---|
| BS 琼脂 | 菌落为黑色有金属光泽、棕褐色或灰色,菌落周围的培养基可呈黑色或棕色;有些菌株形成灰绿色的菌落,周围培养基不变 |
| HE 琼脂 | 蓝绿色或蓝色,多数菌落中心黑色或几乎全黑色;有些菌株为黄色,中心黑色或几乎全黑色 |
| XLD 琼脂 | 菌落呈粉红色,带或不带黑色中心,有些菌株可呈现大的带光泽的黑色中心,或呈现全部黑色的菌落 |
| 沙门氏菌属显色培养基琼脂 | 按照显色培养基的说明进行判定 |

## 4.4 生化试验

自选择性琼脂平板上分别挑取 2 个以上典型或可疑菌落,接种三糖铁琼脂,先在斜面划线,再于底层穿刺,接种针不要灭菌,直接接种赖氨酸脱羧酶试验培养基和营养琼脂平板,于(36±1)℃培养 18～24h,必要时可延长至 48h。在三糖铁琼脂和赖氨酸脱羧酶试验培养基内,沙门氏菌属的反应结果见表 30 – 2。

表 30 – 2　沙门氏菌属在三糖铁琼脂和赖氨酸脱羧酶试验培养基内的反应结果

| 三糖铁琼脂 | | | | 赖氨酸脱羧酶试验培养基 | 初步判断 |
|---|---|---|---|---|---|
| 斜面 | 底层 | 产气 | 硫化氢 | | |
| K | A | +(−) | +(−) | + | 可疑沙门氏菌 |
| K | A | +(−) | +(−) | − | 可疑沙门氏菌 |

| 三糖铁琼脂 | | | | 赖氨酸脱羧酶试验培养基 | 初步判断 |
|---|---|---|---|---|---|
| 斜面 | 底层 | 产气 | 硫化氢 | | |
| A | A | +（-） | +（-） | + | 可疑沙门氏菌 |
| A | A | +／- | +／- | - | 非沙门氏菌 |
| K | K | +／- | +／- | +／- | 非沙门氏菌 |

注:K 表示产碱;A 表示产酸;+ 表示阳性;- 表示阴性;+（-）表示多数阳性,少数阴性;+／- 表示阳性或阴性。

①在接种三糖铁琼脂和赖氨酸脱羧酶试验培养基的同时,可直接接种蛋白胨水(供做靛基质试验)、尿素琼脂(pH 7.2)、氰化钾(KCN)培养基,也可在初步判断结果后从营养琼脂平板上挑取可疑菌落接种。于(36±1)℃培养18～24h,必要时可延长至48h,按下表判定结果。将已挑菌落的平板储存于2～5℃或室温至下保留24h,以备必要时复查。具体见表30-3。

**表30-3　沙门氏菌属生化反应初步鉴别表**

| 反应序号 | 硫化氢 | 靛基质 | pH 7.2 尿素 | 氰化钾 | 赖氨酸脱羧酶 |
|---|---|---|---|---|---|
| A1 | + | - | - | - | + |
| A2 | + | + | - | - | + |
| A3 | - | - | - | - | +／- |

注:+ 表示阳性;- 表示阴性;+／- 表示阳性或阴性。

反应序号 A1:典型反应判定为沙门氏菌属。如尿素、KCN 和赖氨酸脱羧酶试验3项中有1项异常,按下表可判定为沙门氏菌;如有2项异常为非沙门氏菌。具体见表30-4。

**表30-4　沙门氏菌属生化反应初步鉴别表**

| pH7.2 尿素 | 氰化钾 | 赖氨酸脱羧酶 | 判定结果 |
|---|---|---|---|
| - | - | - | 甲型副伤寒沙门氏菌(要求血清学鉴定结果) |
| - | + | + | 沙门氏菌Ⅳ或Ⅴ(要求符合本群生化特性) |
| + | - | + | 沙门氏菌个别变体(要求血清学鉴定结果) |

注:+ 表示阳性;- 表示阴性。

反应序号 A2:补做甘露醇和山梨醇试验,沙门氏菌靛基质阳性变体两项试验结果均为阳性,但需要结合血清学鉴定结果进行判定。

反应序号 A3:补做 ONPG。ONPG 阴性为沙门氏菌,同时赖氨酸脱羧酶试验阳性,甲型副伤寒沙门氏菌为赖氨酸脱羧酶试验阴性。

必要时按表 30 – 5 进行沙门氏菌生化群的鉴别。

表 30 – 5　沙门氏菌属各生化群的鉴别

| 项目 | Ⅰ | Ⅱ | Ⅲ | Ⅳ | Ⅴ | Ⅵ |
|---|---|---|---|---|---|---|
| 卫矛醇 | + | + | – | – | + | – |
| 山梨醇 | + | + | + | + | + | – |
| 水杨苷 | – | – | – | + | – | – |
| ONPG | – | – | + | – | + | – |
| 丙二酸盐 | – | + | + | – | – | – |
| KCN | – | – | – | + | + | – |

注：+ 表示阳性； – 表示阴性。

②如选择生化鉴定试剂盒或全自动微生物生化鉴定系统,可根据(1)的初步判断结果,从营养琼脂平板上挑取可疑菌落,用生理盐水制备浊度适当的菌悬液,使用生化鉴定试剂盒或全自动微生物生化鉴定系统进行鉴定。

### 4.5 血清学鉴定

在上述进一步生化实验后如需要做血清学检验证实时,一般用沙门氏菌属 A ~ F 多价检"O"诊断血清进行鉴定。步骤为在洁净的玻片上划出 2 个约 1cm × 2cm 的区域,用接种环挑取 1 环待测菌,各放 1/2 环于玻片上的每个区域上部,在其中一个下部加一滴沙门氏菌多价抗血清,在另一区域下部加入 1 滴生理盐水,作为对照。再用无菌的接种针或环分别将两个区域内的菌落研成乳状液,将玻片倾斜摇动 60s,并对着黑色背景进行观察(最好用放大镜观察)。任何程度的凝聚现象都为阳性反应。

## 5.结果与报告

综合以上生化试验和血清学鉴定的结果,报告 25g(mL)样品中检出或未检出沙门氏菌。

## 6.思考题

(1)如何提高沙门氏菌的检出率?

(2)在进行沙门氏菌检验时为什么要进行前增菌和增菌?

附录：

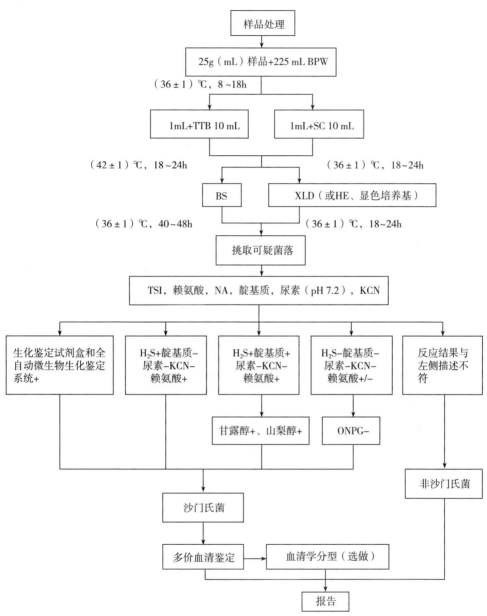

图 30 - 1  沙门氏菌检验程序

# 三、分子微生物学实验

# 实验三十一　细菌基因组 DNA 的提取

## 1.实验目的

（1）了解基因组提取在微生物学中的意义。

（2）了解细菌基因组 DNA 提取的原理。

（3）掌握细菌基因组提取的方法。

## 2.实验器材

### 2.1 仪器与材料

恒温培养箱、高速冷冻离心机、常温离心机、摇床、水浴锅、培养皿、烧杯、酒精灯、微量移液器、试管、接种针、接种环、枯草芽孢杆菌、LB 培养基等材料。

### 2.2 试剂

CTAB/NaCl 溶液:4.1g NaCl 溶解于 80mL $H_2O$,缓慢加入 10g CTAB,加水至 100mL。

氯仿: 异戊醇(24:1),酚: 氯仿: 异戊醇(25:24:1),异丙醇,70% 乙醇,TE,10% SDS,蛋白酶 K (20mg/mL 或粉剂),5mol/L NaCl。

## 3.实验原理

高纯度的基因组 DNA 是后续分子生物学操作的基础。利用基因组 DNA 较长的特点可以将基因组 DNA 和细胞器、质粒其或其他小分子 DNA 分离。通过 SDS 处理细胞使细菌细胞破裂,通过 SDS 阴离子去污剂和 CATB 阳离子去污剂的作用使基因组 DNA 和细胞中蛋白质之间的化学键断裂而分开,并使蛋白质变性而沉淀。进一步用酚: 氯仿: 异戊醇(25:24:1)溶液抽提去除基因组 DNA 溶液中的残留蛋白质,使其得到纯化。通过异丙醇沉淀 DNA,70% 乙醇洗涤除盐获得纯化的基因组 DNA。

## 4.实验步骤

(1)2mL 细菌过夜培养液,10000rpm 离心 1min,去上清液。

(2)加 190μLTE 悬浮沉淀,并加 10μL 10% SDS,1μL20mg/mL(或 1mg 干粉)蛋白酶 K,混匀,37℃保温 1h。

(3)加 30μL 5mol/L NaCl,混匀。

(4)加 30μL CTAB/NaCl 溶液,混匀,65℃保温 20min。

(5)用等体积酚: 氯仿: 异戊醇(25: 24: 1)抽提,8000rpm 离心 1min,将上清液移至干净离心管。

(6)用等体积氯仿: 异戊醇(24: 1)抽提,取上清液移至干净管中。

(7)加 1 倍体积异丙醇,颠倒混合,室温下静止 10min,沉淀 DNA。

(8)用玻棒捞出 DNA 沉淀,70% 乙醇漂洗后,吸干,溶解于 20μLTE,-20℃保存。如 DNA 沉淀无法捞出,可 8000rpm 离心,使 DNA 沉淀。

(9)取 5μL 样品进行琼脂糖凝胶电泳,检测提取结果,拍照记录实验结果。

## 5.注意事项

(1)注意药品毒性,安全操作。DNA 染色用的溴化乙锭是强致癌剂,配置电泳凝胶时,注意戴手套,在通风橱操作。

(2)提取 DNA 的菌液一定要新鲜培养的菌液,切勿采用冰箱长期放置的菌液。

(3)菌液要适量,过多过少都会影响提取 DNA 的质量。

## 6.思考题

(1)基因组提取时除了用异丙醇沉淀 DNA,还可以用什么试剂? 各有什么优缺点?

(2)为什么在基因组 DNA 提取过程中操作一定要温和,不能过于剧烈?

# 实验三十二　DNA 琼脂糖凝胶电泳检测

## 1.实验目的

(1)学习 DNA 琼脂糖凝胶电泳。
(2)了解检测核酸的方法和识读电泳图谱的方法。

## 2.实验器材

各种规格移液器、各种规格移液器枪头、DNA Marker、T 载体、T 载体单酶切产物、加样缓冲液(6×)、0.25% 溴酚蓝、40% 蔗糖、琼脂糖、溴化乙锭(EB)。

## 3.实验原理

琼脂糖凝胶电泳是常用的用于分离、鉴定 DNA、RNA 分子混合物的方法,这种电泳方法以琼脂凝胶作为支持物,利用 DNA 分子在泳动时的电荷效应和分子筛效应,达到分离混合物的目的。DNA 分子在高于其等电点的溶液中带负电,在电场中向阳极移动。在一定的电场强度下,DNA 分子的迁移速度取决于分子筛效应,即分子本身的大小和构型是主要的影响因素。DNA 分子的迁移速度与其相对分子量成反比。不同构型的 DNA 分子的迁移速度不同。如环形 DNA 分子样品,其中有三种构型的分子:共价闭合环状的超螺旋分子(cccDNA)、开环分子(ocDNA)、线形 DNA 分子(lDNA)。这三种不同构型分子进行电泳时的迁移速度大小顺序为:cccDNA > lDNA > ocDNA。

核酸分子是两性解离分子,pH 3.5 是碱基上的氨基解离,而三个磷酸基团中只有一个磷酸解离,所以分子带正电,在电场中向负极泳动;而 pH 8.0 ~ 8.3 时,碱基几乎不解离,而磷酸基团解离,所以核酸分子带负电,在电场中向正极泳动。不同的核酸分子的电荷密度大致相同,因此对泳动速度影响不大。在中性或碱性时,单链 DNA 与等长的双链 DNA 的泳动率大致相同。

## 4.实验步骤

### 4.1 制胶

按所分离的 DNA 分子的大小范围,称取适量的琼脂糖粉末,放到一锥形瓶中,加入适量的 1×TAE 电泳缓冲液。然后置微波炉加热至完全溶化,溶液透明。稍摇匀,得胶液。冷却至 60℃ 左右,在胶液内加入适量的溴化乙锭至浓度为0.5μg/mL。

### 4.2 电泳

(1)取有机玻璃制胶板槽,水平放置胶槽,在一端插好梳子,在槽内缓慢倒入已冷至60℃左右的胶液,使之形成均匀水平的胶面,待胶凝固后,小心拔起梳子,将胶放入电泳槽内,加样孔位于阴极处。

(2)在槽内加入 1×TAE 电泳缓冲液,至液面覆盖过胶面。

(3)把待检测的样品,按以下量在洁净载玻片上小心混匀,用移液枪加至凝胶的加样孔中。

1μL 加样缓冲液(6×)+5μL 待测 DNA 样品。

(4)接通电泳仪和电泳槽,并接通电源,调节稳压输出,开始电泳。点样端放阴极端。根据经验调节电压使分带清晰。

(5)观察溴酚蓝的带(蓝色)的移动。当其移动至距胶板前沿约1cm 处,可停止电泳。染色:把胶槽取出,小心滑出胶块,水平放置于一张保鲜膜或其他支持物上,放进 EB 溶液中进行染色,完全浸泡约30min。

(6)在紫外透视仪的样品台上重新铺上一张保鲜膜,赶去气泡平铺,然后把已染色的凝胶放在上面。关上样品室外门,打开紫外灯(360nm 或 254nm),通过观察孔进行观察。

## 5.注意事项

(1)电泳中使用的溴化乙锭(EB)为中度毒性、强致癌性物质,务必小心,勿沾染于衣物、皮肤、眼睛、口鼻等。所有操作均只能在专门的电泳区域操作,戴一次性手套,并及时更换。

(2)加样进胶时不要形成气泡,需在凝胶液未凝固之前及时清除,否则,需重新制胶。

## 6.思考题

(1)EB 染色的方法有几种?

(2)琼脂糖凝胶的浓度对于电泳结果的影响?

# 实验三十三  质粒的提取

## 1.实验目的

(1)了解质粒提取试剂的配制。

(2)掌握质粒提取的方法。

## 2.实验器材

移液器、高速离心机、分析天平、1.5mL Eppendorf 离心管、牛肉膏、蛋白胨、琼脂、葡萄糖、Tris、EDTA、NaCl、NaOH、SDS、KAc、冰醋酸。

相关试剂的成分:

(1)Solution Ⅰ:50 mmol/L 葡萄糖,25 mmol/L Tris – HCl(pH 8.0),10 mmol/L EDTA(pH 8.0),高压灭菌后,4℃保存备用。

(2)Solution Ⅱ(现用现配制):0.2 mol/L NaOH,1% SDS。

(3)Solution Ⅲ(100 mL):5mol/L KAc 60 mL,冰醋酸 11.5 mL,水 28.5 mL,配制成的溶液Ⅲ含 3 mol/L 钾盐、5 mol/L 醋酸(pH 4.8)。

## 3.实验原理

质粒在工程菌研究中非常重要,是现代食品生物技术基因工程操作中常用的载体。质粒的提取技术是利用质粒载体的前提。质粒在细胞中一般以供价闭合环的形式存在,压缩程度很高,通过碱裂解法将细胞裂解后,加入 SDS 使染色体 DNA 与细胞蛋白一起形成沉淀被抽提掉,而质粒则存在于溶液中,将染色体 DNA 与质粒分离后,进一步可从上清中回收纯化到质粒 DNA。

## 4.实验步骤

(1)用灭菌的牙签挑取单菌落放入50mL LB 液体培养基(含 Amp 0.1 mg/mL)中,37℃振荡培养过夜。

(2)将菌液倒入 1.5 mL Eppendorf 管中,10000 rpm 离心 1min,去掉上清液,重复两次。沉淀悬于 200μL SolutionI 中,涡旋使充分悬浮。

(3)加入 300μL SolutionII,混匀(注意动作轻),冰箱 3 ℃放置 5min。

(4)加入 300μL SolutionIII,混匀(注意动作轻),冰箱 3 ℃放置 5min。

(5)12000rpm,离心 5min,将上清移至 1 个新 Eppendorf 管中,注意所取体积(约 600 μL)。

(6)加入等体积氯仿(约 600 μL),混匀(注意动作轻)。12000rpm,4℃,离心 10min,取上清液。

(7)上清液中加入预冷的等体积异丙醇,−20℃沉淀 20~30 min。

(8)12000 rpm 离心 15 min。

(9)去上清,沉淀加 500μL 70% 乙醇洗涤 2 次(12000 rpm 离心 3min)。

(10)去掉上清(注意沉淀勿丢失),室温或真空干燥沉淀。

(11)每管中加入 25μL 无菌水 1μL RNase,37℃溶解质粒 DNA。

## 5.思考题

碱法提取质粒是实验室最常用的质粒提取方法之一,其操作要点是什么?

# 实验三十四　感受态细胞制备方法

## 1.实验目的

（1）熟悉感受态细胞生理性质,熟悉相关试剂的配制和作用。

（2）掌握大肠杆菌感受态细胞制备方法。

## 2.实验器材

移液器、高速离心机、恒温振荡器、恒温培养箱、普通冰箱、分析天平、1.5mL Eppendorf 离心管、微量移液器、三角烧瓶、酒精灯、牛肉膏、蛋白胨、琼脂、葡萄糖。

## 3.实验原理

细菌细胞的感受态,一般是指利用细菌生长过程中的某一阶段的培养物,能够作为转化的受体,接受外源 DNA 而不将其降解的生理状态。感受态形成后,细胞生理状态会发生改变,出现各种蛋白质和酶,负责供体 DNA 的结合和加工等。细胞表面正电荷增加,通透性增加,形成能接受外来的 DNA 分子的受体位点等。制作感受态细胞是把外源 DNA(重组质粒)引入大肠杆菌的前提。感受态细胞在微生物分子生物学中常常用到,是微生物遗传性状改造的重要方法。能发生感受态的细胞占细菌的少数,同时,细菌的感受态状态是在短暂时间内发生的。

目前对感受态细胞能接受外源 DNA 分子的原因尚未有统一结论。主要有两种假说:

（1）局部原生质体化假说。细胞表面的细胞壁结构发生变化,局部失去细胞壁或局部溶解细胞壁,使外源 DNA 分子能通过质膜进入细胞。支持这种观点的主要证据有:发芽的芽孢杆菌容易转化;大肠杆菌的原生质体不能被噬菌体感染,却能受噬菌体 DNA 转化;适量的溶菌酶能提高转化率。

（2）酶受体假说。感受态细胞的表面形成一种能接受 DNA 的酶位点，使 DNA 分子可以进入细胞。支持这种观点的主要证据有：蛋白质合成的抑制剂如氯霉素，可以抑制转化作用；细胞分裂过程中，一直有局部原生质化，但感受态只在生长对数期的中早期出现；分离到感受态因子，能使非感受态细胞转变为感受细胞。

## 4.实验步骤

（1）将大肠杆菌细胞接种于 LB 斜面培养基上，进行活化，置于恒温培养箱中 37℃培养过夜。

（2）用接种环接种培养出的大肠杆菌菌落培养物，接种于有 5mL 液体 LB 的玻璃试管中，于恒温振荡器上，37℃振荡培养过夜（约 16h），可在显微镜下镜检菌细胞是否形态一致，有无杂菌污染。

（3）在无菌超净台用微量移液器，吸取过夜培养的 1mL 菌液，接种于盛放在 250mL 锥形瓶的 100mL 液体 LB 培养基中，分别按照 1%、2% 和 5% 的接种量进行接种，在 37℃恒温振荡器上培养 2～3 h。

（4）从三个锥形瓶中分别取 1mL 培养液，以未接种的 LB 作空白对照，在 550nm 处，利用分光光度计上测 OD550 的吸光度值，待吸光度值约为 0.5，停止培养，开始制备感受态细胞。

（5）在无菌超净台用微量移液器，吸取 1mL 菌液，转移到 1.5mL Eppendorf 离心管中。

（6）将离心管置于冰上 10min，冷却菌液，置于台式冷冻离心机上，3500rpm 离心 5min。

（7）无菌条件下，倒去上清 LB，倒斜离心管，让 LB 流干，留下菌体沉淀，加入预冷的 100mmol/L $CaCl_2$ 溶液 800μL，用微量移液器轻轻吸冲底部沉淀菌体，使菌体充分悬浮后，摇匀后于冰浴中放置 30min。

（8）重新将 $CaCl_2$ 菌悬浮液置于台式冷冻离心机上，3500rpm 离心 10min，小心侧倒掉上清 $CaCl_2$，保留菌体沉淀。

（9）将菌体悬浮在 200mL 100mmol/L $CaCl_2$ 的溶液中，置于冰上作为转化的受体菌液。这种方法制备的感受态细胞在制备后 1～24h 内使用，转化效率较高。

## 5.思考题

总结感受态细胞制备的关键操作有哪些方面?

# 实验三十五 利用 16S rDNA 进行细菌分子鉴定

## 1.实验目的

(1)熟悉细菌分子鉴定的一般思路。
(2)掌握利用 16S rDNA 进行细菌分子鉴定的实验方法。

## 2.实验器材

电泳仪、水平 DNA 电泳槽、高速离心机、分析天平、冰箱、烧杯、移液器、枪头、塑料离心管、牛肉膏、蛋白胨、琼脂、琼脂糖、异丙醇、乙醇、氯仿、DNA marker、NaCl、Taq DNA 聚合酶、dNTP mixture、16S rDNA 引物。

## 3.实验原理

在菌种资源开发研究中,首先是筛选相关生产性能的菌株,对其进行分类鉴定。通过常规生化实验方法可以有效地对菌株进行鉴定,但由于这种方法的工作量较大,鉴定时间较长,不利于大量、快速的分析。现代生物技术的发展为微生物鉴定提供了简便快捷的方法。

目前国际上对于细菌菌种的分类往往采用分析 16S rDNA 序列的方法,与同源序列进行比对,快速确定菌株分类地位,其方法相对要简单得多,时间短,准确性较高。16S rDNA 编码原核生物 16S 核糖体 RNA,在结构和功能上保守性较高,是细菌分类演化分析的"时钟"。其分子结构显示有十个可变区和十一个恒定区,对可变区的分析有助于确定物种的类别。根据保守序列鉴定物种种类的方法可简单归纳为:筛选目的菌株,提取基因组 DNA,设计特异性引物获得保守基因序列,使用 BLAST 程序在 GenBank 上分析相似性最高的序列,使用序列分析软件分析这些序列,确定相似性最高物种的分类地位,初步确定所目的菌株的种类。这些分类方法在食品微生物学中的应用可以促进食品微生物资源开发和食品微生物检验等相关领域的研究。

# 4.实验步骤

## 4.1 菌种的转接培养

前一天晚上,将菌种从冰箱中取出,接种到 LB 培养基中,振荡培养过夜,使菌体长起来。

## 4.2 菌株基因组 DNA 的提取

(1)按 1% 的接种量接种细菌到装有 5mL LB 培养基的试管中,30℃150rpm 振荡培养过夜,使其长至对数期。次日取 1mL 菌液于 1.5mL 离心管,$10000 \times g$ 离心 1min 沉淀菌液。

(2)弃上清,加 1mL 0.9% NaCl 将沉淀重悬浮,$10000 \times g$ 离心 3min。

(3)弃上清,加 450μL TE 缓冲液(12mM Tris – HCl,12mM EDTA, pH 8.0)重悬浮,加 50μL 20% SDS,轻轻地上下颠倒离心管使之混匀,75℃水浴 5min(直至菌液裂解变为澄清)。

(4)加 500μL 3:1 的酚:氯仿抽提蛋白质,轻轻上下颠倒使之混匀,$10000 \times g$ 离心 5min。

(5)轻轻吸取上清于一新的 1.5mL 离心管(注意不要吸到中间的蛋白质)并补足体积到 500μL,加 500μL 3:1 的酚:氯仿,$10000 \times g$ 离心 5min。吸上清,如此反复,直至看不到中间的蛋白质层为止(注意尽量防止 DNA 在抽提中发生断裂降解)。

(6)吸取上清于一新的 1.5mL 离心管并补足体积到 500μL,加 500μL 氯仿,轻轻混匀,$10000 \times g$ 离心 5min。

(7)吸取上清于一新的 1.5mL 离心管,加 1/10 体积 3M NaAc,然后加等体积的异丙醇,上下颠倒几次,此时应看到有絮状沉淀产生,$10000 \times g$ 离心 5min。

(8)将上清吸出,加 1mL 70% 的乙醇清洗沉淀,$10000 \times g$ 离心 5min,去上清,

室温干燥。

(9)加 50μL TE 缓冲液溶解沉淀,取 2μL 电泳检测 DNA 质量及浓度。或用紫外分光光度计测定 DNA 浓度和纯度,使用 0.5% 琼脂糖凝胶电泳检测基因组 DNA 的完整性。

### 4.3 菌株的 16S rDNA 序列扩增

引物序列为:F: 5'AGAGTTTGATCCTGGCTCAG3',
R:5'GGTTACCTTGTTACGACTT3'

PCR 程序是:① 94℃预变性 5min;② 94℃变性 30s;③ 57℃退火 60s;④72℃延伸 90s,进行 22 次循环扩增;⑤72℃延伸 10min。在生物公司。

### 4.4 菌株分子分类研究

利用 GeneBank 基因库中的信息,分析菌株的分类学地位。使用生物信息学软件建立演化树。

## 5.思考题

(1)请分析基因组提取和 16S rDNA 序列扩增结果。
(2)使用生物信息学软件分析获得的 16S rDNA 序列。

# 实验三十六　微生物细胞的超声波破碎

## 1.实验目的

(1)了解超声波破碎仪的结构和应用。
(2)掌握超声波破碎仪的原理、使用方法。
(3)掌握超声波破碎仪破碎微生物细胞的实验方法。

## 2.实验器材

超声波破碎仪、移液器、烧杯、1mL 塑料离心管、2mL 塑料离心管、5mL 塑料离心管、牛肉膏、蛋白胨、琼脂、NaCl、$Na_2HPO_4$、$NaH_2PO_4$、大肠杆菌、冰。

## 3.实验原理

### 3.1 超声波破碎原理

目前,应用于细胞破碎的方法有物理和化学的两类,在物理破碎方法中主要有玻璃匀浆器破碎、高压细胞破碎、液氮破碎、高速组织捣碎机破碎、超声波破碎等。

超声波是物质介质中的一种弹性机械波,它既是一种波动形式,又是一种能量形式。在超声波破碎细胞过程中,超声对细胞的作用主要有热效应、空化效应和机械效应。热效应是当超声在介质中传播时,摩擦力阻碍了由超声引起的分子震动,使部分能量转化为局部高热(42~43℃)。空化效应是在超声照射下,生物体内形成空泡,随着空泡震动和其猛烈的聚爆而产生出机械剪切压力和动荡。另外,空化泡破裂时产生瞬时高温(约5000℃)、高压(可达 $500 \times 10^4 Pa$),可使水蒸气热解离产生·OH 自由基和·H 原子,由·OH 自由基和·H 原子引起的氧化还原反应可导致多聚物降解、酶失活、脂质过氧化和细胞杀伤。机械效应是超声的原发效应,超声波在传播过程中介质质点交替地压缩与伸张构成了压力变化,引起细胞结构损伤,达到细胞破碎的效果。损伤作用的强弱与超声的频率和强度密切相关。

不同型号的设备功率不一样,功率的大小决定了使用变幅杆的大小范围(直径2mm至几十毫米)。处理量 5mL 以下选 3mm,5~50mL 可选 6~8mm,50mL 以上选 10mm 的变幅杆。

### 3.2 超声波破碎仪的结构和技术参数

(1)结构:标准配置包括主机、$\Phi$ 6mm 探头、工具箱和操作手册。

(2)技术参数:

型号:VC130PB,VC130

净输出功率/频率:130W/20kHz

尺寸(高×宽×深):115mm×250mm×320mm

重量:3kg ,3.2kg

定时装置:－,1s～10hr

脉冲激发装置:手触调节式;Off:手触式 On:1～59秒可调

变频器型号:CV188;CV18

变频器规格:直径32mm/长度146mm/重量340g/缆线长度1.5m

标准探头:尖端 Φ 3mm,适用体积150μL 至10mL,长度138mm,材质钛合金 TI－6AL－4V 尖端 Φ 6mm,适用体积10mL 至15mL,长度113mm,材质钛合金 TI－6AL－4V

## 3.3 判断超声完全的方法

(1)外观判断:超声前菌悬液是浑浊的,超声完全后变的透明、清澈。

(2)液体的黏滞性:超声后菌液从枪头滴下不粘连。

(3)高速离心:有用高速离心检测超声破碎程度的(一般用6000×g 10 min,比一般离心收集菌体的转速高一点)。沉淀是未破碎或破碎不完全的菌体。

(4)染色:破碎后的菌液涂片,革兰氏结晶紫溶液染色0.5min,镜检检验破碎效果。通过细菌计数,可以比较明确地掌握各个时间段的细胞(包括休眠细胞—芽孢)破碎情况。

## 3.4 应用意义

在基因工程中,大肠杆菌表达外源重组蛋白,需要使用超声破碎,以获取表达的重组蛋白。

细菌工程菌胞内表达主要分为两种形式,一种是在强启动子条件下的高效表达,由于蛋白的过度表达,使蛋白不能及时有效折叠而发生无规则卷曲,以固体颗粒的形式堆积于胞间质中,这就是所说的包涵体,另外一种是间质内的可溶性表达,即可以发生正常折叠,具有生物活性。一般情况下,细菌只要被正常破壁就可以通过离心的形式将包涵体和可溶性表达的蛋白分离开。

## 4.实验步骤

(1)取细菌的16h 培养液10mL 于5000 rpm 下离心5 min 收集菌体。

（2）用 pH 7.5 的 $Na_2HPO_4$ – $NaH_2PO_4$ 缓冲液洗涤,5000 rpm 下离心 5 min 收集菌体,重复洗涤一次。再用 4mL 该缓冲液将菌体配成菌悬液,置于 5 mL 灭菌塑料离心管内。

（3）将 5 mL 灭菌塑料离心管置于冰浴中,采用超声波破碎(功率 200 W,1/2″探头,破碎 6 s,间歇 10 s)。破碎 20 次。

（4）破碎液于 12 000 rpm 下高速冷冻离心 30 min,收集细胞碎片和上清液。

## 5.注意事项

（1）蛋白以包涵体形式表达,追求的是高破碎率,要求细胞碎片很小,而另一种蛋白是可溶形式表达,所以细胞碎片不能很小,两种情况要求不同但目的相同,都是便于后期的固液分离。

（2）如果超声时出现黑色沉淀,说明超声功率太大。

（3）超声时间太长、功率太大对蛋白活性肯定有影响。破碎之后需要停顿,破碎时间不能过长,一般是破碎 5 s,间歇 10 s,破碎 20 次观察细胞悬液的情况,再决定是否继续破碎。

（4）尽量防止泡沫的产生。产生气泡原因是,探头位置没放好。探头一定要接近底部,约 1cm。功率根据仪器不同会有所不同,但可以观察液面,有波动但不要太剧烈即可。要注意变幅杆位置摆放,声音如果不对,要及时调整。

## 6.思考题

分析总结超声波破碎微生物细胞的实验要领。

# 实验三十七　蛋白质 SDS – 聚丙烯酰胺凝胶电泳

## 1.实验目的

（1）熟悉聚丙烯酰胺凝胶板状电泳的操作技术。

（2）了解 SDS - 聚丙烯酰胺凝胶电泳分离蛋白质的原理。

（3）掌握 SDS - 聚丙烯酰胺凝胶电泳实验方法。

## 2.实验器材

电泳仪电源、垂直电泳槽、分析天平、微量移液器、烧杯、量筒、塑料离心管、BSA、菌体、SDS、Tris - base、ACR、BIS、过硫酸铵、甘油、尿素、DTT、BPB、TEMED、甘氨酸、溴酚蓝、考马斯亮蓝 R - 250、异丙醇、冰乙酸、乙醇、蛋白分子量标记（marker）HCl、NaOH 等材料。

## 3.实验原理

聚丙烯酰胺凝胶是由丙烯酰胺（简称 Acr）和交联剂 N,N′ - 亚甲基双丙烯酰胺（简称 Bis）在催化剂过硫酸铵（AP），N,N,N′,N′四甲基乙二胺（TEMED）作用下，聚合交联形成的具有网状立体结构的凝胶，并以此为支持物进行电泳。

蛋白质在十二烷基硫酸钠（SDS）和巯基乙醇的作用下，分子中的二硫键还原，氢键等打开，形成 SDS - 蛋白质多肽复合物。该复合物带负电，在电场作用下，可以在聚丙烯酰胺凝胶电泳中向正极迁移。由于凝胶的分子筛作用，迁移速率与蛋白质的分子量大小有关，因此可以浓缩和分离蛋白质多肽。

聚丙烯酰凝胶电泳分离蛋白质多数采用一种不连续的缓冲系统，主要分为较低浓度的成层胶和较高浓度的分离胶，配制凝胶的缓冲液，其 pH 值和离子强度也相应不同。电泳时，样品中的 SDS - 多肽复合物沿移动的界面移动，在分离胶表面形成了一个极薄的层面，大大浓缩了样品的体积，即 SDS - 聚丙烯酰胺凝胶电泳的浓缩效应。

## 4.实验步骤

### 4.1 配制 SDS - PAGE 电泳凝胶

（1）首先将配胶板用中性洗涤剂清洗，再用双蒸水冲洗，然后用无水乙醇浸润的棉球擦拭，晾干后备用。

（2）制备 12% 分离胶时，按照用量依次加入各组分，充分混匀后立即将胶液缓慢加入两电泳板之间的夹槽中(切勿产生气泡)。随后在分离胶上面轻轻覆盖一层异丙醇,室温静置使胶完全聚合,除去上层异丙醇用水冲洗干净,然后用滤纸吸干水分。

(3)制备5%浓缩胶时,依次加入各组分,将胶液缓慢加入分离胶上的夹槽中(切勿产生气泡),插入样品梳,室温静置聚合后将梳子拔去待用。

表 37 - 1　分离胶与浓缩胶缓冲液配方

|  | 分离胶缓冲液 | 浓缩胶缓冲液 |
|---|---|---|
| Tris – base | 18.179g | 6.06g |
| 10% SDS | 4mL | 4mL |
| 调 pH 至 | 8.8 | 6.8 |
| ddH$_2$O | up to 400mL | up to 400mL |

表 37 - 2　分离胶与浓缩胶配方

|  | 12%分离胶(10mL) | 5%浓缩胶(5mL) |
|---|---|---|
| ddH$_2$O | 3.3 mL | 3.4mL |
| 30% ACR/BIS | 4.0mL | 0.83mL |
| 缓冲液 | 2.5mL | 0.63mL |
| 10% SDS | 100μL | 50μL |
| 10% APS | 100μL | 50μL |
| TEMED | 4μL | 5μL |

30% ACR/BIS (100mL)配方:

Acrylamide　　　　　29.29g

Bisacrylamide　　　　0.89g

ddH$_2$O　　　　　　up to 100mL

放置37℃溶解,使用过滤器过滤,棕色瓶4℃避光保存。

1.5mol/L Tris(pH 8.8):Tris 18.2g,HCl 调 pH 至 8.8,总体积为 100mL。

1.0mol/L Tris(pH 6.8):Tris 12.1g,HCl 调 pH 至 6.8,总体积为 100mL。

10% APS:过硫酸铵 1g,加去离子水至 10mL。4℃保存。

## 4.2 蛋白质样品的准备

取裂解液加入 3×上样缓冲液混合,煮沸 5min,6000×g 离心 10s,取上清电泳。

3 × 上样缓冲液配方：

| | |
|---|---|
| 1M Tris – HCl（pH 6.8） | 1.35mL |
| Glycerol | 3mL |
| 20% SDS | 1.5mL |
| 0.5% BPB | 0.6mL |
| 1M DTT | 1.5mL |
| dd $H_2O$ | up to 10mL |

## 4.3 电泳

在电泳槽中加满电泳缓冲液，用移液器上样，稳压120V电泳约1.5h，待溴酚蓝迁移至凝胶下缘停止电泳。

5 × 电泳缓冲液配方：

| | |
|---|---|
| Tris – base | 15.1g |
| Glycine | 94g |
| SDS | 5g |
| dd$H_2O$ | up to 1L |

## 4.4 染色

电泳结束后小心取出凝胶，置于染色器皿中，倒入染色液浸没凝胶，在水平摇床上染色1h。

考马斯亮蓝 R – 250 染色液配方：

| | |
|---|---|
| 考马斯亮蓝 R – 250 | 0.5g |
| 异丙醇 | 125mL |
| 冰乙酸 | 50mL |
| dd$H_2O$ | up to 500mL |

过滤除去颗粒物。

## 4.5 脱色

倒净染色液，加入少量蒸馏水洗一次，再倒入脱色液浸没凝胶，在水平摇床上脱色约1h至蓝色背景消失。

脱色液配方：

| | |
|---|---|
| 冰乙酸 | 100mL |

乙醇                         50mL

ddH$_2$O                    up to 1L

## 4.6 脱色后拍照记录电泳结果

## 5.注意事项

(1)注意药品毒性,安全操作。丙烯酰胺是有毒性的,凝胶以后聚丙烯酰胺毒性降低。配置电泳凝胶时,注意戴口罩,在通风橱操作。

(2)用 SDS 聚丙烯酰胺凝胶电泳法测定蛋白质相对分子量时,必须同时做标准曲线。不能利用这次的标准曲线作为下次用。

(3)有些蛋白质由亚基(如血红蛋白)或两条以上肽链组成的,它们在巯基乙醇和 SDS 的作用下解离成亚基或多条单肽链。因此,对于这一类蛋白质,SDS 聚丙烯酰胺凝胶电泳法测定的只是它们的相对分子量。

## 6.思考题

(1)将蛋白电泳照片进行拍照,粘贴到实验报告册中。分析蛋白质电泳结果,确定目的条带的大小。

(2)如何确定目的蛋白条带的大小? 根据下图实验结果,试分析箭头所指蛋白条带的大小。

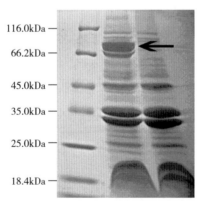

# 四、食品发酵与菌菇栽培实验

# 实验三十八　果酒的发酵

## 1.实验目的

(1)了解酿造果酒的基本工艺流程。

(2)了解在实验室条件下制作果酒的方法,掌握发酵果酒的原理。

## 2.实验器材

### 2.1 实验材料及试剂

葡萄(去梗除杂后1kg葡萄能榨出0.6~0.65kg葡萄汁)、白砂糖、活性干酵母、偏重亚硫酸钾。

### 2.2 实验仪器

发酵罐、塑料桶、灭菌水、过滤器、温度计、糖度计、pH计、电子天平、烧杯、量筒等。图38-1为赤霞珠葡萄,图38-2为霞多丽葡萄,分别为酿造红、白葡萄酒著名原料品种。特点是粒小、皮厚、核大,具有特殊浓厚香气。

图38-1　赤霞珠　图38-2　霞多丽

## 3.实验原理

果酒是利用酵母菌将水果中可发酵性糖转化为酒精、其他醇类、糖类、酯类、有机酸、氨基酸和维生素等产物,再经陈酿过程中的醇化、氧化及沉淀作用变成为酒质醇厚芳香、酒体清晰透明的产品。该产品可以抑制杂菌生长,利于长久保存。

果酒种类繁多,葡萄酒是市面最常见的种类之一。其他原料如苹果、杨梅等水果也可用来酿酒,其基本工艺流程与酿造葡萄酒相似。果酒若再经过蒸馏即可得到果实蒸馏酒,其中以葡萄为原料的蒸馏酒称为白兰地。而以其他果实为原料的蒸馏酒则应在白兰地前冠以该果实的名称,例如用苹果为原料得到的蒸馏酒就叫作苹果白兰地。本实验以葡萄酒为例进行果酒酿造说明。

葡萄酒种类很多,若按颜色可将葡萄酒分为红葡萄酒、桃红葡萄酒和白葡萄酒两类。红葡萄酒是以深色葡萄如红葡萄为原料经带皮发酵酿制而成的,酒色呈自然深宝石红、紫红、石榴红等;桃红葡萄酒采用红葡萄或者红葡萄、白葡萄混合发酵,带皮或不带皮发酵,酒色呈桃红色、淡红色或玫瑰红色;白葡萄酒是以黄、绿色葡萄或者红皮白肉葡萄经脱皮,只用果汁进行发酵酿制而成,酒色为淡黄色或黄中带绿色。如果按味道分,葡萄酒可分为甜葡萄酒和干葡萄酒,其间还有过渡类型,这种分类的依据实际上是酒中含糖量的多少,干葡萄酒的含糖量为4g/L 以下;半干葡萄酒的含糖量为 4 ~ 18g/L;半甜葡萄酒含糖量为 18 ~ 45g/L;甜葡萄酒含糖量为 45g/L 以上。干葡萄酒和甜葡萄酒在酿造工艺上没有区别,酿制出的酒都是干葡萄酒,只是甜葡萄酒最后要加糖进行调配而已。在葡萄酒中如果含有二氧化碳气体,则为产气葡萄酒,最初的产气葡萄酒出自于法国的香槟省,因此得名香槟酒,它在分类上属于起泡酒。

## 4.实验步骤

葡萄酒酿造的基本工艺流程:

购买新鲜葡萄→除杂→去梗、破碎→榨汁→加糖→调 pH→发酵→装罐→发酵→过滤→终止发酵装瓶。

### 4.1 原料选择及除杂

选用成熟、完整、表面无损伤的新鲜葡萄,去除烂果、生果或虫害果,清洗去表面污物。

### 4.2 破碎、除梗

采用离心式或滚筒式破碎机将果实破碎,经除梗机(图38 – 3)除梗。部分细小果梗机器无法除去干净,可人工挑拣出来。在破碎过程中应尽量避免撕碎果皮、压迫种子和碾碎果梗,以降低杂质(葡萄汁中的悬浮物)的含量。

图38-3 葡萄除梗机

## 4.3 加糖

根据葡萄酒的最终度数,添加蔗糖与处理好的葡萄果浆充分混合均匀。由于处理后的葡萄果浆中含有果汁、果皮、果肉、籽实、细小果梗,应立即放入发酵罐,预留1/4空间,防止发酵过程中产生$CO_2$使浮在发酵液上方的皮渣等溢出。

可用手持糖度折光仪测出发酵液的糖度,每1000mL葡萄原汁含糖17g时,经发酵后能增加1°的酒精度。若需葡萄的原汁中酒精度达到12°,则需要每1000mL葡萄汁含糖$12 \times 17 = 204g$,实际大部分葡萄含糖量无法达到这个标准,故需要加糖发酵。例如,利用潜在酒精含量为9.5°的5000mL葡萄汁发酵成酒精含量为12°的干红葡萄酒,则需要增加酒精含量为$12 - 9.5 = 2.5$。所以5000mL葡萄汁加糖$= 2.5 \times 17 \times 5 = 212.5g$。

## 4.4 酸度调节

葡萄汁中一般通过添加酒石酸调节酸度。葡萄汁发酵前可将酸度调节至pH 3.3~3.5,总酸约为6g/L。如果葡萄酒酸度过低,pH就高,游离二氧化硫则偏低,葡萄易受细菌污染和被氧化。添加柠檬酸可防止铁破败症,但柠檬酸总量不得超过1g/L,添加量一般不超过0.5g/L。

按规定:通常年份,增酸幅度不超过1.5g/L,特殊年份增酸幅度可达3g/L。例如,提升滴定总酸含量为5.5g/L的5000mL葡萄汁至8g/L,则需要增加酸含量为$8 - 5.5 = 2.5$。所以5000mL葡萄汁加酒石酸$= 2.5 \times 5 = 12.5g$。因1g酒石酸相当于 0.935g 柠檬酸,则若加柠檬酸则为 $12.5 \times 0.935 = 11.7g$。

## 4.5 加偏重亚硫酸钾

偏重亚硫酸钾在酸的作用下产生 $SO_2$,主要起杀死葡萄表面的杂菌、抗氧化、澄清、溶解、改善风味和增酸的作用,减缓葡萄酒氧化速度。添加量一般不超过 $0.3g/L$。

## 4.6 加果酒酵母发酵

加偏重亚硫酸钾后经 4~8h,葡萄浆放入发酵瓶中,装量为总体积的 2/3~3/4,然后加入酵母悬液(向 35~42℃温水中添加 10% 活性干酵母,每 10min 轻柔搅匀 1 次,20~30min 后即可添加到葡萄浆中),添加量为果浆的 5%~10%,搅拌均匀。由于发酵旺盛,$CO_2$ 的产量较大,需要每日检查及时排气,防止发酵瓶爆裂,持续检测发酵液中的糖浓度、比重、pH 和温度。如酵母生长不良或较少,应重新补充果酒酵母液。发酵温度控制在 20~25℃。

主发酵时间根据葡萄含糖量、发酵温度和酵母接种量而异。主发酵时间一般为 4~6d,残糖降至 5g/L 以下,发酵液面只有少量 $CO_2$ 气泡,果皮果渣层已经下沉,液面较为平静,发酵液温度接近室温,有明显的酒香,此时主发酵结束,可以出罐。原酒可从发酵罐下方的排口放出。

## 4.7 苹果酸—乳酸发酵

主发酵结束后原酒并桶,保持容器"添满"(用葡萄酒将桶内的空隙填满)状态,严格禁止添加 $SO_2$ 处理,贮藏温度 20~25℃。经过 30d 左右的发酵,完成了苹果酸—乳酸发酵。

## 4.8 澄清

葡萄酒从原料葡萄中带来了蛋白质、胶质、单宁、色素等复杂成分,使葡萄酒具有胶体溶液的性质。这些物质会导致葡萄酒在储藏过程中的不稳定变化,需要去除。入工澄清可采用下胶(明胶、鱼胶、蛋清、干酪素、皂土等)净化。一般胶提前 1d 温水浸泡,充分搅拌均匀,添加量 0.2~0.3g/L。

## 4.9 陈酿

陈酿阶段保存环境应通风良好、温度低。适宜的陈酿温度为 15~20℃,相对湿度 80%~85%。应注意换桶、添桶。换桶(转罐)是将葡萄酒从一个贮藏容器转移到另一个贮藏容器,通过换桶将葡萄酒与其沉淀物分离。此一次换桶应在发酵完毕后 8 ~ 10d,去除残渣,同时添加亚硫酸溶液以调节酒中的 $SO_2$ 含量(0.1 ~ 0.15g/L)。第二次换桶在前次换桶 50 ~ 60d 后。第三次可在 3 个月以后,后续换桶的次数视贮藏容器及酒而言,一般一年 2 ~ 4 次。

由于温度降低或 $CO_2$ 逸出或葡萄酒蒸发,桶内间隙的空气造成葡萄酒氧化败坏,需要填满桶内空隙,减少与空气接触,这个过程称为添桶。新酒入桶后,第一个月内 3 ~ 4d 添桶一次,第二个月 7 ~ 8d 添桶一次,以后每个月一次。一年以上陈酒可隔半年添一次。添桶要求使用同品种、同酒龄的葡萄酒。

经 2 ~ 3 年贮存的原酒已成熟,具有陈酒香味。经过化验检查,过滤后装瓶后,经 75℃灭菌后即为成品酒。

## 5.注意事项

(1)对葡萄进行破碎时,最好去梗,且不能将葡萄籽弄碎,否则会影响酒质。

(2)容器中不可挤入过多葡萄,因为发酵过程中会产气。在发酵时,发酵容器要能通气,以防止爆罐。

(3)清洗葡萄时,无须洗去葡萄皮表面的白膜。

(4)实验中接触的器皿使用前应全部消毒。

## 6.思考题

(1)葡萄酒生产过程中 $SO_2$ 的作用是什么?

(2)葡萄酒容易变质的原因有哪些?如何防范?

# 实验三十九　啤酒的发酵

## 1.实验目的

(1)了解啤酒酿造的基本原理。

（2）熟悉啤酒酿造的基本工艺流程,掌握发酵啤酒的基本操作技能。

## 2.实验器材

### 2.1 实验原料及试剂

大麦或麦芽、水、啤酒花、活性干酵母、蔗糖、酵母浸出粉胨、葡萄糖琼脂培养基(YPD 培养基)。

### 2.2 实验器材

烘箱、发酵桶、滚筒碾碎机、糊化锅、过滤槽、回旋沉淀槽、热交换器、发酵罐、水泵、桶、pH 计、糖度计、酒精计、恒温培养箱等。

## 3.实验原理

啤酒是以麦芽、水为主要原料,加啤酒花(包括酒花制品),经酵母发酵酿制而成,含有二氧化碳、起泡的、低酒精度的发酵酒,是利用啤酒酵母进行厌氧发酵,对麦芽汁中的组分进行一系列的生物化学代谢,产生酒精及各种风味物质形成具有独特风味的酿造酒。主发酵结束后的啤酒需要经过后发酵才可使啤酒成熟适合饮用。

## 4.实验步骤

（1）将 YPD 培养基按 4.9% 的比例加水,115℃灭菌 30min。冷却后接入啤酒酵母菌种,25～28℃恒温培养摇床中培养 2～3d。

（2）将大麦在水中浸泡几天,排干水后让其在 15.5℃下保持 5～7d 发芽,将麦芽切下烘干并经过粉碎制成酿造用麦芽。

粉碎的麦芽(为降低成本也可加入粉碎的谷粒或米粉)与水在糊化锅中混合,每 1kg 麦芽可添加水 6L,在 35～37℃下进行反应 30min,然后升温至 50～52℃反应 60min,再升温至 65℃反应 30min,至取反应液与碘液混合后无蓝色出现为止。该过程利用麦芽中酶的生物作用进行糖化。趁热用滤布过滤去除残渣,滤液加入啤酒花和糖后加热沸腾浓缩,可杀菌灭酶活,同时浸出啤酒花成分,难溶性的淀粉和蛋白质转变成为可溶性的麦芽提取物,称作"麦芽汁"。

（3）取浓度为 10°Bé 麦芽汁,冷却至 11℃ 时接入 3%~5% 酵母菌($1 \times 10^8$ 个/mL),保温 5~7d,至麦芽汁浓度降至 4°Bé 时结束发酵,过滤得到嫩啤酒。

（4）当发酵罐糖度下降至 4~4.5°Bé 时开始封罐。将发酵温度降至 2℃ 左右,保持 8~12d,罐压升至 0.1Mpa,此时已有大量 $CO_2$ 产生并融入酒中。

（5）发酵开始后可以每 24h 取样检测啤酒,其中:

①啤酒酸度的测定:电位滴定法。

②啤酒中酒精含量的测定:酒精计法。

③啤酒的色度测定:比色法。

④啤酒中大肠菌群数的测定:平板计数法。

# 5.注意事项

（1）大麦发芽过程的关键环节是在刚刚出现糖转化酶,但大部分淀粉尚未被转化的时候,要停止大麦的发芽。

（2）控制麦芽烘干温度,因为麦芽风味和颜色的浓淡取决于干燥过程中的温度。

（3）酒花种类较多,制作的产品在口味、香味和苦涩度等方面差异较大。所以要考虑酒花的添加量及其选择。

（4）在整个发酵过程中要严格控制发酵温度、pH、发酵时间等因素。

# 6.思考题

（1）制备麦芽时如果原料粉碎的极细有什么后果?

（2）添加酒花的作用是什么?

（3）目前啤酒发酵有哪几种主要酵母? 有什么区别?

（4）为什么啤酒要逐级降温发酵?

# 实验四十　低盐固态发酵法酿造酱油

## 1.实验目的

（1）了解酱油发酵的工艺流程。

（2）熟悉酱油酿造原理,掌握低盐固态发酵酱油的基本方法。

## 2.实验器材

### 2.1 实验原料

黄豆或豆饼粉、麸皮、可溶性淀粉、食盐、米曲霉菌种、$MgSO_4 \cdot 7H_2O$、$(NH_4)_2SO_4$、$KH_2PO_4$、琼脂。

### 2.2 实验器材

分装器、灭菌锅、水浴锅、盐度计、量筒、试管、三角瓶、陶瓷盘、铝饭锅、塑料袋、温度计、天平等。

## 3.实验原理

酿造酱油是以大豆和/或脱脂大豆、小麦和/或麸皮为原料,经微生物发酵制成的具有特殊色、香、味的液体调味品。按发酵工艺分为两类:高盐稀态发酵酱油(含固稀发酵酱油,以大豆和/或脱脂大豆、小麦和/或小麦粉为原料,经蒸煮、曲霉菌制曲后与盐水混合成稀醅,再经发酵制成的酱油)和低盐固态发酵酱油(以脱脂大豆及麦麸为原料,经蒸煮、曲霉菌制曲后与盐水混合成固态酱醅,再经发酵制成的酱油)。

酱油色素形成的主要途径是酪氨酸氧化生成黑色素和美拉德反应产生的类黑素;香气来源于酱醅发酵过程中微生物产生的醇、酯、醛、酚、有机酸、缩醛和呋喃酮等;鲜味来源于米曲霉产生的蛋白酶、蛋白肽酶和谷氨酰胺酶的作用过后水解生成的氨基酸,主要是谷氨酸鲜味浓厚;甜味主要来源于淀粉质水解的糖;酱油的咸味则来源于氯化钠。原料通过米曲霉等微生物发酵时产生的蛋白酶、淀粉酶等酶的作用将蛋白质、淀粉等高分子物质降解并转化成丰富的风味物质,最后形成具有特殊色泽、香气、滋味和体态的酱油。优质酱油浓度高、黏度较大、流动慢,呈红褐色、棕褐色,有光泽而发乌,香味浓厚,味道鲜美,咸甜适口,口味醇厚。

　　工业化酱油生产规模较大,与小规模发酵在发酵温度、翻曲、通气等部分生产环节存在一定差异,基本原理都是使米曲酶在优良环境下稳定生长。本实验仅就实验室条件下极小规模生产进行阐述。

# 4.实验步骤

低盐固态法发酵酱油的工艺流程为:

大豆原料→浸泡→蒸煮→降温→接种→制曲→成曲→发酵→淋油→加热→
调配→澄清→质检→灌装→杀菌→成品

## 4.1 原料准备

将市售的黄豆筛去碎豆、虫蚀豆、小石子等后放进烧杯内,加清水 2~3 倍,除去漂浮物,浸泡,通常浸 8h,冬季时间加倍,中间应换水 1~2 次。在高压灭菌锅中按黄豆体积的 1.1~1.3 倍加水蒸煮(0.5MPa,8~10min)以及灭菌。蒸煮良好的熟豆可以用小指和拇指捏起后轻松碾碎。煮后的黄豆水富含碳水化合物、半乳糖和氨基酸,可用于配制酱油、氨基酸液的原料以及微生物培养基或饲料。发酵原料若使用小麦,需要提前炒制成黄褐色后粉碎。

## 4.2 三角瓶种曲制备

种曲制作可以采用麸皮、黄豆、淀粉等培养基,可根据成本和实验室条件进行选择。

每 100g 种曲可选用培养基配方:

(1)麸皮:面粉质量比为 80∶20,水 80mL 左右;

（2）麸皮：豆饼粉质量比为85：15，水100～110mL。

制曲物料混合均匀，湿润后打散，装瓶量以料厚度1cm为宜。121℃灭菌20min，摇松后冷却至30℃，放置在无菌超净工作台中接种米曲霉孢子（中科3.951米曲霉，也名沪酿3.042），接种量为0.3%。培养温度为28～30℃，培养3～4d，培养结束时孢子应全部呈黄绿色，无异味无污染。停止培养，通风干燥，即得成曲。每克菌种（干基）含孢子数$5 \times 10^9$以上，湿基含$2.5 \times 10^9$以上，孢子发芽率应在90%以上。

## 4.3 浅层制曲

原料配比采用大豆（豆饼）：麸皮为4：1，添加90%～95%的水混合均匀，静置润水30min左右，分装后121℃灭菌20min。将容器中的原料倒入曲盘中散开并迅速冷却至38℃左右。种曲可先与5倍量面粉混合搓碎，以利于接种。原料中添加种曲量为0.3%，应充分混合均匀，使种曲孢子和面粉黏附于豆粒表面，平铺于曲盘中不加盖28℃恒温箱培养，待曲温升至37℃，翻曲一次后继续培养，维持曲温28～37℃，不得超过37℃，待曲盘物料孢子颜色刚转为黄绿色即可出曲。浅盘制曲时间控制在2～3d。

## 4.4 制醪发酵

称取食盐13～15g，溶于100mL水中，即可制得12～13°Bé盐水100mL。加热到55℃左右备用。将成曲在陶瓷盘中搓碎，加入12～13°Bé热盐水，用量是成曲原料总量的50%～53%（盐水量与成曲体积比约为1：2），拌匀后，装入500mL三角瓶内。

将三角瓶用两层塑料布封口后，置于培养箱中保温发酵，前7天保温45℃，后5～7d保温48～50℃。

## 4.5 淋油

将成熟酱醪从三角瓶移入分装器中或滤布上，加入原料总重量200%的沸水，置于70～80℃水浴中，浸出20h左右，放出或挤压得头油（生酱油）。再加入200%的沸水置于70～80℃水浴中浸出约4h，放出或挤压得二油。

工业上大规模生产一般浸提三次，采用二油作为下一批酱醪的头油浸出用液，三油作为二油的浸出用液。

## 4.6 成品

一般头油加热至 80～90℃ 保持 20min，优质酱油为保持其优良的香气成分可在 70～75℃ 维持 30min，低档酱油需加热在 90℃ 以上维持 15～20min。头油及二油可按酱油质量标准进行勾兑，加入甜味剂、增鲜剂、香味汁等。

## 4.7 酱油品质判定

感官检验并测定头油的体积、浓度（波美度）和固形物含量等。

## 5. 思考题

（1）低盐固态酱油酿制原理是什么？

（2）为什么要进行制曲？有哪些影响因素？

（3）酿造酱油分为几档？各档标准是什么？

# 实验四十一　发酵香肠的制作

## （一）萨拉米香肠的制作

## 1. 实验目的

（1）了解萨拉米香肠的制作原理。

（2）了解萨拉米发酵香肠制作的工艺流程，掌握该类香肠的制作方法。

## 2.实验器材

### 2.1 实验材料

牛肩肉 17kg、猪肩肉 17kg、猪背膘 16kg、腌制盐 1.25kg、$NaNO_2$ 7.5g、白胡椒粉 0.1kg、肉豆蔻粉 0.025kg、蔗糖 0.15kg、葡萄糖 0.15kg、大蒜粉 0.05kg(也可用鲜大蒜替代)、抗坏血酸 0.025kg、乳杆菌发酵剂 0.012kg、天然肠衣。

### 2.2 实验器材

斩拌机、恒温恒湿箱、防水酸度计、灌肠机。

## 3.实验原理

发酵香肠是西方国家常见的一种传统肉制品,是指将绞碎的肉同糖、盐、发酵剂和香辛料等混合后灌进肠衣,经过微生物发酵而制成的具有稳定微生物特性和典型发酵香味的肉制品。根据其在发酵过程中的失水程度,发酵香肠分为发酵干香肠和发酵半干香肠。发酵干香肠的水分含量小于 35%,pH 值在 4.2 ~ 5.5;发酵半干香肠的水分含量在 45% ~ 55%,与发酵干香肠的生产工艺不同,有蒸煮和烟熏工艺。德国是工业化生产发酵肉制品的主要国家,其具代表性的发酵剂有 50 多种。目前用于肉类发酵的微生物主要为片球菌、乳杆菌、小球菌、葡萄球菌、酵母、产黄青霉和纳地青霉等。

萨拉米(Salami)是欧洲地区尤其是意大利民众喜爱食用的一种腌制肉肠,所用原料肉种类丰富,一般为猪肉,也可混合使用牛肉、鸡肉或者其他动物肉。这种香肠是在适宜的温度和相对湿度下进行长时间缓慢发酵干燥而成,切面肥瘦均匀,红白分明,酸味适中,气味芳香持久,营养丰富,香味独特。微生物发酵处理后的肉类,蛋白质和脂肪会被降解成易于人体吸收的游离氨基酸和游离脂肪酸等,同时发酵过程中产生的乳酸及抑菌因子能有效抑制有害菌的生长,在室温下具有较长保存期因而受到人们的欢迎。

## 4.实验步骤

萨拉米香肠制作的一般工艺流程为:

冻结肉适当升温→整理→斩拌→灌肠→静置→发酵→干燥、后熟（梯度降温、降湿）→检测→包装→成品

（1）先将原料肉进行预冻，待牛肉升至 -4℃，猪肉升至 -4 ~ -1℃，脊膘块升至 -4℃ 时备用。将要斩拌的肉块除去余冰、肉皮、筋膜、血管等，并分割成合适大小的肉块，转移至斩拌机。

（2）先将猪肉斩成 15mm 粒径的小块；再加入牛肉斩至 10mm 粒径；加入脊膘块、香辛料、发酵剂，斩至 5mm 粒径；加入腌制盐，进一步斩至 3mm。整个过程温度控制在 -2℃ 左右，最终产品温度不能高于 0℃，防止低熔点脂肪乳化。加入发酵剂混匀。

（3）将肠衣预先漂洗除盐，临用前在温水中浸泡 5 ~ 10min，备用。使用灌肠机将肉馅灌入肠衣中，松紧适度，注意避免产生空泡及过度摩擦形成的肉馅乳化等不良现象。可用针尖排掉肠体的空气。

（4）灌制完成后将香肠挂在洁净支架上，肠体间保持一定距离，静置数小时以除去香肠表面的冷凝水，然后放入恒温恒湿箱中，在 22℃ 下发酵 7d，相对湿度为 90% ~ 95%。

（5）香肠进一步发酵产酸并开始减小湿度。设定每 24h 温度从 17℃ 降至 10℃，相对湿度在 92% 和 80% 之间交替，使香肠有着较好的干燥状态。当香肠干燥至失重达 25% ~ 30% 时可以进行真空包装销售，失重达 35% 以上可以进行冷链销售。

## 5.感官鉴评指标

优质的萨拉米香肠应瘦肉鲜红色，肥膘洁白，肉粒颗粒细小均匀，脂肪包裹肌肉纤维，肥瘦分布均匀，切片性良好，口感细腻，有发酵香肠的特殊香气，略有酸味。

## 6.思考题

（1）斩拌原料肉时为什么要在低温下进行？
（2）香肠灌好后为什么要在室温静置？

# （二）中式发酵香肠的制作

## 1.实验目的

（1）了解发酵香肠的制作原理。

（2）了解发酵香肠制作的工艺流程,掌握发酵香肠的制作方法。

## 2.实验器材

### 2.1 实验材料

猪肉7kg、猪背脂3kg、食盐280g、蔗糖120g、亚硝酸钠1.5g、白胡椒粉25g、维生素C 8g、大蒜10g、葡萄糖80g、硝酸钠12g、磷酸盐30g(多聚磷酸钠:焦磷酸钠:磷酸氢二钠=2:1:1)、豆蔻10g、味精10g、冰水适量、猪小肠衣适量、线绳适量、发酵剂适量。

### 2.2 实验器材

斩拌机、绞肉机、恒温恒湿发酵箱、灌肠器、刀、瓷盘、盆、防水酸度计。

## 3.实验原理

发酵香肠是利用微生物发酵产生的具有特殊发酵风味的肉制品。发酵香肠是欧洲国家的一种传统发酵食品,受到意大利、法国等多国消费者的普遍欢迎。

传统中式腊肠内也大量存在乳酸菌、葡萄球菌、微球菌等,其中主要是乳酸菌。发酵香肠中最危险的致病菌是沙门氏菌和李斯特菌。抑制沙门氏菌的有效措施是添加亚硝腌制盐和葡萄糖醛酸内酯。通过应用微生物发酵剂,以及控制发酵温度(<25℃),使香肠发酵剂中的微生物代谢物如乳酸、乳杆菌素、亚硝还原酶等以渗透方式通过肠馅基质,使发酵增香,抑制有害菌生长。通过对香肠进行发酵,不仅可以提高肉品的消化率,赋予产品以独特的风味,同时不需冷藏,稳定性好,货架期长。

## 4.实验步骤

中式发酵香肠制作一般工艺流程：

复合盐      香辛料、肥膘丁
↓        ↓

原料肉整理→腌制→绞碎、斩拌→拌料→接种→灌肠、培养发酵→烘烤→检测→真空包装→成品

(1)选用符合食用标准的鲜冻猪肉,去皮、剔骨、除筋、去血管,选用白而结实的猪背脂,将瘦肉与脂肪分开后,再把瘦肉与肥肉分别切成 5cm 厚的肉条。背脂微冻后切成 1~2mm 肉丁,入冷藏室(−6~−8℃)微冻 24h。

(2)将切好的瘦肉用食盐和磷酸盐混合均匀,在 0~4℃下腌制 24h,充分发色。

(3)腌好的瘦肉通过 5mm 孔绞肉机绞碎,倒入搅拌盘内,加入冰水、调味料、香辛料等辅料进行搅拌,搅拌好后与微冻后的肥肉丁充分混合。

(4)发酵剂按 0.12%~0.15% 的比重进行接种,接种量一般为 $10^7 ~ 10^8$ CFU/g。接种混合均匀后的肉料,充填猪肠衣或其他胶原蛋白肠衣内。灌制时肉馅温度不应超过 2℃。

(5)将香肠吊挂在 30~32℃、相对湿度 80%~90% 的恒温恒湿培养箱中,发酵至 pH 值下降到 5.3 以下即可终止。

(6)将发酵结束后的肠体移入烘烤室内进行烘烤,温度控制在 68℃左右。一般小直径肠衣加热 1h 即可。

(7)香肠烘烤结束后,稍冷经检测合格后,即可进行真空包装为成品。

## 5.感官鉴评指标

香肠经发酵,颜色呈鲜明的红色,酸味柔和,咸鲜适口,无刺激味,pH 值 4.5~5.3,不同于西式发酵香肠和传统的中式发酵香肠,无脂肪氧化等不良味道。

## 6.思考题

中式发酵香肠的发酵控制关键点有哪些?

# 实验四十二　食用菌菌种质量鉴定技术

## 1.实验目的

（1）了解食用菌菌种的特点。
（2）掌握常见食用菌菌种质量鉴定的技术方法。

## 2.实验器材

### 2.1 菌种

双孢蘑菇、平菇、香菇、木耳、银耳、草菇、猴头菇、金针菇等。

### 2.2 试剂和器材

马铃薯蔗糖琼脂平板培养基、石炭酸复红液、乳酸石碳酸棉蓝液、显微镜、放大镜、刀片、镊子。

## 3.实验原理

在食用菌栽培生产中,菌种的特性非常重要,选择优良的菌种是栽培生产的关键。所以,要严把菌种质量这一关。菌种质量的鉴定一般包括显性性状和隐形性状两个方面。显性性状是菌种外观形态特征,比如菌种的纯度、生命力强弱等。这可以利用肉眼和显微镜观察法来完成。隐形性状是品种或菌株的优劣、是否高产优质、抗逆性能等。一般通过外观观察法难于鉴别隐形性状,需要通过栽培出菇试验才能鉴定。

# 4.实验步骤

## 4.1 菌种鉴定方法

（1）外观直接观察法。根据感官直接观察菌种表面性状。优良菌种外观特征：纯度高、无杂菌，色泽正、有光泽，菌丝粗壮、浓密有力、富有弹性，具有特有的香味、无异味，则生命力强。如果菌种的菌丝萎缩，干燥无色泽，或菌丝体自溶产生了多量红褐色液体，则生活力变弱，不要再用。直接观察法操作简单，前提是鉴定者要有丰富的实践基础。

（2）镜检法。通过显微镜观察菌丝结构和细胞特征。选取各种食用菌的菌丝，制作成显微涂片，在显微镜下观察菌丝的分枝、分隔、锁状联合、孢子特征，对细胞结构进行鉴定。

（3）培养观察法。对于分离、选育和引进的菌种，通过培养，观察菌丝体在水分、湿度、温度和 pH 等方面的适应特性，确定菌种生活力和适应环境能力。比如，可以将菌丝体置于偏干、偏湿和干湿相宜的条件下培养，若菌丝在前两种条件下能良好生长，而在干湿相宜的条件下生长最佳，则说明是好菌种。

（4）出菇（耳）试验。对食用菌菌种做出菇（耳）试验，根据条件采用瓶栽、袋栽、压块栽培方式，观察出菇（耳）能力，做好观察记录，分析产量和质量，确定菌种优劣。

## 4.2 母种的鉴定

母种的鉴别主要根据菌丝微观结构的镜检和外观形态的肉眼观察进行鉴定。

（1）双孢蘑菇。菌丝体白色，略带黄色或灰色，纤细蓬松。常见有两种类型：气生型，菌丝直立，绒毛状，爬壁力强；匍匐型，菌丝平状，紧贴培养基，蘑菇菌丝老化分泌色素。菌丝无锁状联合。

（2）香菇。菌丝体白色，粗壮，呈绒毛状，平伏生长，每天生长(7±2)mm。略有爬壁现象，边缘不规则，老化时培养基变淡黄色。早熟品种存放时间过长，可形成原基或小菇蕾。

（3）木耳。菌丝体白色，在培养基上匍匐生长，不爬壁，像羊毛状，短而整齐，长满斜面后逐渐老化，可见米黄色斑，在培养基上可见黑色素。在光下放置时间长，在斜面边缘或底部会出现胶质琥珀色颗粒原基。毛木耳菌种老化后有时在斜面上部出现红褐色珊瑚状原基。

（4）银耳。银耳母种包括银耳菌和香灰菌。银耳菌丝体纯白色，短而细密，前端整齐。培养初期，菌丝呈绣球状的白毛团，生长速度较缓慢，日生长量1mm，随着菌龄增加，白毛团周围有一圈紧贴培养基的晕环。

香灰菌在PDA培养基上，菌丝灰白粗短，呈羽毛状，爬壁能力强，生长快，3到5天可以布满斜面。同时分泌大量色素，渗入培养基中，使培养基变黑。

这两种菌混合，即获得银耳母种。

（5）平菇。菌丝体白色、浓密、粗壮有力，爬壁能力强，不产色素，有锁状联合。

（6）草菇。菌丝体白色或呈银灰色，老熟呈浅黄色，粗壮有绒毛，爬壁力极强，细长稀疏有光泽，像蚕丝。培养几日后，产生厚垣孢子，呈链状，初期淡黄色，成熟后联结成深红褐色团块。生长速度极快。在适宜条件下培养3～4d可以布满斜面。

（7）猴头菌。菌丝体白色，开始菌丝稀疏，贴在培养基上蔓延。在适宜的培养基上培养，菌丝浓密、粗壮，锁状联合大而明显。在斜面上容易形成子实体。

（8）金针菇。菌丝体白色，有的略带灰色，粗壮，呈绒毛状，开始时蓬松，生长后期气生菌丝紧贴培养基，产生粉孢子。有锁状联合。在斜面上容易形成子实体。

## 4.3 原种和栽培种的鉴定

（1）蘑菇。正常菌种的菌丝呈灰白色，密集，细绒状，上下一致，有蘑菇香味。若菌丝纤细无力或呈粗索状，可能由于菌种老化或培养料湿度大。若培养料表面有一层厚菌被，则说明菌种生产性能差，不能使用。

（2）香菇。菌丝白色，粗壮，生长迅速、浓密。能分泌深黄色、棕褐色色素。若菌丝柱与瓶壁脱离，开始萎缩，说明菌种已经老化，应尽快使用。若接种后，不向培养基内生长，可能由于培养基配方不合适，需要更换培养基重新培养。若菌丝柱下部有液体，菌丝开始腐烂，可能是细菌污染。若菌种出现小菇蕾，则要去掉菇蕾，尽快使用。

（3）木耳。菌丝白色整齐，粗壮有力，细羊毛状，短而整齐，延伸瓶底，上下均匀，挖出成块，不易散碎，是合格菌种。若菌丝满瓶后出现浅黄色色素，或周围出现黄色黏液，则是老化标志，不宜使用。若菌丝到一定深度，只长一角落不再蔓延，可能是培养基太湿或干湿不均导致的。若菌丝生长停止，并有明显抑制线，可能是混有杂菌。

（4）银耳。香灰菌的菌丝呈白色羽毛状，生长健壮，生长初期分别均匀，生长后期耳基下方出现成束根状分布，表明黑疤多分布均匀，无其他杂斑。银耳菌丝深入培养基内较深处，耳基下方有较厚的一层银耳菌丝，木屑颜色已变淡，白色绒毛团旺盛，耳基大，生长良好。若有羽毛状菌丝，且白色绒毛团缺少，则需要加入银耳酵母状分生孢子才能使用。若瓶内在10多天后很快出现子实体，或白色绒毛团较多且很小，说明菌种接种次数太多。若羽毛状菌丝稀疏，子实体呈胶团或胶刺状，说明培养基太湿。

（5）平菇。菌丝洁白浓密，健壮有力，爬壁力强，能广泛利用各种代用料栽培。菌丝柱不干缩，不脱离瓶壁。瓶内无积水，无杂菌感染。有时瓶内有少量的小菇蕾出现。若培养中，大量出现子实体原基，说明菌种已经过度老化。若菌丝向下生长缓慢，可能是培养料过干或过紧。若菌丝稀疏，发育不均，可能是培养料过湿，或配方不合适，或装瓶过松。菌种瓶底有积水，是菌种老化的表现。若有黄色、绿色等杂色，说明有杂菌污染。存在以上情况的菌种，都不可以再使用。

（6）草菇。正常菌种的菌丝呈乳白色或淡黄色，透明，菌丝生长密集健壮，分布均匀，有或无后垣孢子。若菌丝洁白、浓密，则可能是杂菌污染。若培养基表明菌丝稀疏、萎缩，培养基干燥或腐烂为老化菌种，不能使用。

（7）猴头菌。菌丝洁白，颜色均匀，生长迅速，分解力强，常易产生子实体。若菌丝纤细，上下不均匀，或菌丝柱收缩，培养瓶底有黄色黏液，说明菌种已经老化。若有坚韧的被膜出现，则需要去除被膜后再使用。

（8）金针菇。生命力强的菌株，其菌丝洁白，生长迅速且健壮。若培养后期木屑培养基表面出现琥珀色液体或丛状子实体，则需要尽快使用。若菌种瓶中有一条明显的抑制线，是由于培养基太湿造成的。若菌丝稀疏，可能是菌种活力降低，也可能是木屑使用不当，或麸皮量较少。

## 5.思考题

（1）开展食用菌菌种质量鉴定有什么实践意义？

（2）如何提高食用菌的菌种质量？

# 实验四十三　平菇栽培技术

## 1.实验目的

（1）了解平菇生长的特点和要求。

（2）掌握平菇栽培的一般流程和管理技术。

## 2.实验器材

平菇栽培种、棉籽壳、过磷酸钙、石灰、石膏、多菌灵、乙醇、聚乙烯塑料袋、线绳、报纸、活动木框（40cm×30cm×10cm）。

## 3.实验原理

平菇的栽培过程，就是人工创设条件满足平菇生长发育的需求，使其完成菌丝生长、子实体发育、成熟的全过程。栽培前，需要配制实验的培养料，使菌丝在培养料中大量而充分地生长，然后进入生殖生长阶段，分化形成子实体。子实体发育分为5个时期：原基分化期、桑葚期、珊瑚期、伸长期和成熟期。出菇阶段管理很重要，人工栽培平菇，关键在发菌，产量高低在于出菇管理，品质好坏在于适时采收。

平菇的孢子成熟后，就会从菌褶上弹射出来，在适宜的环境条件下孢子开始萌发、伸长、分枝，形成单核菌丝，当不同性别的单核菌丝结合，并同时进行锁状联合后，才能从营养生长进入生殖生长。子实体经不同的发育阶段成熟，最后又形成孢子，完成了平菇的生活史。

平菇属木腐生菌类。平菇需要的氮源主要是蛋白质、氨基酸、尿素等。平菇在0~3℃开始形成孢子，但以12~18℃时形成最好。菌丝的生长适宜温度为24~27℃，高于35℃时，生长菌丝易老化，变黄；低于7℃，生长缓慢。菌丝抗寒能力较强，能耐-30℃的低温。

平菇耐湿能力较强,野生平菇在多雨、阴凉或相当潮湿的环境下发生。在菌丝生长阶段,要求培养料含水量在65%~70%,如果低于50%,菌丝生长很差。含水量过高,也会影响菌丝生长。子实体发育要求空气相对湿度为85%~90%,在55%时生长缓慢,40%~45%时小菇平缩;高于95%时菌盖易变色腐烂,也易感染杂菌。

平菇的菌丝在黑暗中能正常生长,有光可使菌丝生长速度减缓。子实体分化发育需要有一定的散射光,光照不足,原基数减少,菌盖小而苍白,畸形菇多。直射光强光下不能形成子实体。平菇是好气性真菌,恢复菌丝和子实体生长都需要空气。平菇对酸碱度的适应范围较广,pH 在 3~10 范围内都能正常生长发育。平菇栽培的培养料主要有棉籽壳、锯木屑、秸秆三大类。

平菇的栽培方法有很多:按培养料分,有段木栽培和袋料栽培。

## 4.实验步骤

塑料袋生料栽培主要生产程序是:制袋→拌料→装袋接种→扎口→堆积→菌丝体培养→出菇管理→采收。

### 4.1 制袋

制作聚乙烯塑料筒,规格 20cm×42cm 或 22cm×46cm。

### 4.2 拌料

称取棉籽壳50kg,加入2%石膏粉、2%石灰粉、2%过磷酸钙、0.1%多菌灵,充分混合均匀,加水至适宜含水量。含水量检测法是,手握培养料以指缝出水珠不下滴为标准,稍闷片刻。

### 4.3 装袋、接种

按照10%~20%的接种量。装袋前,先在袋一端加一套环装一层菌种。菌种块稍大于玉米粒大小。再装料,边装边压,使菌种与培养料密接,装至一半时,再撒一层菌种,再继续装料。装至离袋口6cm时,整平压实,再撒一层菌种。

### 4.4 扎口

装料接种后,扎好另一端的套环,套环口用两层报纸包扎。一般情况下,一个长 42cm 的塑料袋,可以装 32cm 长的料袋,装料约 1kg。

## 4.5 堆积

将扎好的塑料袋堆积在通风良好的场所,堆的大小根据气候条件决定。早春、晚秋、冬季可堆积大堆,堆高 1m 左右,在堆积时,两堆间留置 30cm 的人行通道,便于散热,必要时定期翻堆。

## 4.6 菌丝体培养

生料栽培在 20℃ 以下培养菌丝体较好。这个过程中,要关注温度变化,若料温超过 25℃,应及时翻堆降温。若料温过低,要采取升温措施。

## 4.7 出菇管理

(1)去套环纸。当菌丝布满整个料袋后的 5~7d,可以去掉套环报纸。待出现菇蕾后,使袋口处菌料完全暴露于潮湿空气中。

(2)水分管理。解口后,要关注保湿,室内经常喷水,空气湿度应该在 85%~90%。以利于子实体形成与生长。出菇前若料面过干,可以在料面上轻轻喷水。

(3)通风换气与光刺激。为了促进子实体生长,每天开窗透光换气 1~2h,室温 23℃,昼夜温差保持 ±5℃。

## 5.思考题

记录菌丝发育过程、子实体生长过程,总结技术要点。

# 实验四十四　黑木耳栽培技术

## 1.实验目的

(1)了解黑木耳生长的特点和栽培要求。

（2）掌握黑木耳栽培的一般流程和管理技术。

## 2.实验器材

杂木屑、麸皮、棉籽壳、段木、玉米面、黄豆粉、蔗糖、石灰、聚乙烯薄膜或聚丙烯薄膜140mm×350mm、灭菌锅、超净工作台、温度计、湿度计、皮筋等。

## 3.实验原理

黑木耳分类上属于担子菌纲（*Basidiomycetes*）、木耳科（*Auriculariaceae*）、木耳属（*Auricularia*）。作为我国传统的出口食用菌，其生长周期短，收益见效快，经济价值显著，同时具有较高的营养价值。不同品种的黑木耳在品质、产量方面有较大差异。由于栽培的气候条件也存在较大差异，因此在黑木耳栽种品种的挑选上，应选择菌丝洁白、浓密、粗壮有力，生长整齐、抗逆性强的菌种。黑木耳栽培一般经过野生木耳、原木砍花、段木栽培、袋料栽培四个阶段。段木栽培是以砍下的天然木料经过处理后，人工接种、栽培的方法。袋料栽培技术是黑木耳常用的一种栽培技术，是利用农林副产品及工业废料作为原料，经过调制后代替段木栽培的方法。

栽培季节会影响到袋料黑木耳能否稳定生产。不同的地区具有不同的温度、湿度条件，黑木耳的栽培时间也因地制宜。低海拔地区的栽培时间可选在8月下旬至9月下旬之间，在这个时间段内进行接种，就可以在10月中旬至11月中旬获得秋冬耳，在第二年的2月至3月间获得春耳。海拔高度大于800米的地区，播种时间可选在7月中旬至8月中旬，那么秋冬耳在9月中旬至10月中旬收获，春耳可在第二年的3月至4月间发出。

培养料是袋料黑木耳能否健康生长的基础因素，合理配比的培养料能够有效防治烂棒现象，栽培出品质和产量上佳的黑木耳。因此应严格控制各项材料的比例。比如麸皮如添加过多，容易导致菌种烂棒，而添加过少，则黑木耳生产过程中所需的氮元素营养不够，减缓耳芽的形成速度，两者均会对产量和质量造成影响。

接种管理注意要点是，菌袋的温度在30℃以下时可以进行棚室接菌，接菌时需按照无菌操作规程进行接种操作，菌棚提前1天进行消毒，菌种袋用浓度为75%的酒精进行擦拭消毒或用克霉灵溶液进行清洗。接种的最佳时间为晚间的

9 点至次日上午 10 点,避开高温阶段,降低杂菌感染率,提高黑木耳菌种的成活率。

发菌管理注意要点是,发菌棚应建在通风良好的场地上,棚膜上覆盖草苫,棚内用生石灰对地面进行消毒。发菌有两种管理模式,一是翻堆增氧发菌,一是不翻堆控氧发菌,不同的管理模式应根据气候条件以及菌丝发育水平来确定。

出耳管理注意要点是,在菌袋菌丝的生长覆盖率达到90%左右时,可在袋上进行打孔操作,圆孔的数量控制在18个左右。打孔后,将菌棒摆放在事先做好的畦床上,当大部分耳芽透过穿孔长出后,可逐步增加喷水量,保证黑木耳在"湿胀"的状态下生长,但不可让耳片长期处于过湿的环境,如果耳片吸收过多水分,容易出现流耳,因此应掌握"干干湿湿"的喷水原则,例如在高温不利于黑木耳生长的环境中,应停止喷水使其处于停歇状态。

采收木耳及风干处理阶段,在进行采摘时应选择耳根收缩、耳片舒展略微下垂的黑木耳,黑木耳采摘后应及时放置于晾晒席,在阳光下进行风干;如遇到阴雨天气,可将黑木耳暂时收入冷库中进行冷藏,待天气放晴之后再搬出来进行晾晒;在晾晒过程中不可随意翻动,防止耳片蜷卷。

袋料黑木耳的栽培离不开技术的辅助,科学的培育技术能够提高袋料黑木耳培育的成功率,同时为产量以及质量提供保障,熟练掌握袋料黑木耳栽培的关键技术能够促进黑木耳产业的发展,实现好的经济价值。

## 4.实验步骤

### 4.1 段木栽培

栽培流程依次是,建立耳场、准备段木、人工接种、上堆发菌、散堆排场、起架管理、采收。

(1)建立耳场:在背风向阳处建立耳场,场地清理干净,向地面撒播石灰,空气中喷洒药液消毒。

(2)准备段木:一般选取阔叶树,壳斗科树种较好。树径 10cm 左右,树龄10~15 年的树枝,剔除小枝,截断成长度 1m 的段木。截面用 5% 石灰浆涂抹,"#"形堆放,架晒 30d,截面出现鸡爪裂痕,含水量在 40% 左右即可。

(3)人工接种:将段木用 0.1% $KMnO_4$ 喷洒或用"火熏烤耳棒法"进行表面消毒,用电钻"品"字形打孔,孔径深(1~1.2)cm×(1.5~2)cm,孔距横向 3cm,纵向 8cm。将菌种块接种在空洞内,盖上树皮盖。

(4)上堆发菌:将接种好的耳棒"#"形堆放 1m 高度,外用塑料膜盖好,控制温度在 22～28℃,每间隔 7～8d,将上下内外耳棒位置交换翻堆一次,接种 20d 后进行发菌检查,对被杂菌污染的耳棒进行及时处理,重新打孔,补接。

(5)散堆排场:一般在接种后 40～50d,耳穴内呈白色绒毛状,并有少量耳芽形成时,立即排场,用一根枕木架高 10～15cm。将耳棒一端着地铺在枕木上,间距为 2cm 左右。期初 5～7d 喷水一次,以后每 2～3d 喷水一次。排场期约 1 个月。当长耳芽的耳棒占总耳棒 80% 以上时,停止喷水,准备起架。

(6)起架管理:起"人"字形架,耳棒间距 5～7cm。控制温度 18～25℃。上架 10d 内,每天喷水 1～2 次,以后随着耳片长大增加喷水量。

(7)采收:当耳片充分展开,开始收边,耳根收缩,腹面产生孢子,颜色由黑变褐时即可采收。

## 4.2 袋料栽培

(1)培养料配方。木屑培养料:木屑 77%,麸皮(或米糠)20%,石膏 1%,糖 1%,过磷酸钙 1%。

棉籽壳培养料:棉籽壳 93%,麸皮 5%,白糖 1%,石膏 1%。

稻草培养料:稻草 66%,米糠 32%,石膏 1%,过磷酸钙 1%。

玉米芯培养料:玉米芯 40%,杂木屑 50%,麸皮 8%,白糖 1%,石膏 1%。

甘蔗渣培养料:甘蔗渣 84%,麸皮 15%,石膏 1%。

以上配方均可选用,之后加水,料水比是 1:(1.2～1.25),搅拌均匀备用。

(2)栽培袋制作。选取一般规格是 140mm×350mm 的高密度低压聚乙烯薄膜或聚丙烯薄膜。将配制好达到标准的料及时装袋,装料时边装边压,沿着塑料袋周围压紧。袋子不起皱,料紧密不脱节。装料量是袋长的 3/5,装好料后将料面压平。包扎后立即进灭菌灶灭菌。灭菌灶以砖混结构为好,四周及顶部用尼龙膜贴墙,四角放置上下排气口,底部用木条架空 15cm 进气及流水,并配备相对应气量的蒸汽锅炉。需注意在加温 4 h 前,排气口不能堵,用于放凉气,温度计显示接近 100℃ 时,逐步减少四周的排气,但不能堵死,要让其通气,以免胀袋。常压蒸汽灭菌,温度保持在 100℃,维持 10h 以上。若采取高压蒸汽灭菌,其条件是 1.4kg/cm² 的压力维持 2h。

(3)接种。接种要在料温降到 30℃ 以下进行。选用适合袋料栽培的品种,在接种箱内采取无菌操作的方法进行菌种接种。菌种应分散在料面,便于发菌。

接种直接在堆放区的接种箱接种。提前清理干净,保证工具和环境干净,生产中可用2%生石灰水喷雾消毒。接种时,菌料分成小块接入接种孔,注意不能太用力,做到不破坏菌种菌丝连接,菌种不要散成块,并轻压进孔至结合。接种前箱内用气雾消毒剂消毒30~40min,双手及工具、菌种袋同时用75%的酒精涂擦灭菌消毒,无关人员不得进入。为确保成活率,接种至关重要。

(4)发菌。发菌棚一般建在通风条件好的场地上,大棚用发光膜覆盖,地面用生石灰消毒。接种后8~10d菌棒即可翻堆,最迟不超过12d。发菌期间用多菌灵喷剂或石灰水对墙堆空间进行喷雾。每天早上7时至晚上7时排风降温,温度控制在24~26℃,相对湿度控制在50%~60%。发菌期关键在于通风、防水、控温。

## 4.3 出耳管理

发好菌的栽培袋应及时排场出耳,如果推迟排场,菌丝会老化而增加污染。可采用吊袋式或地沟式出耳。

## 4.4 采收

当木耳背后出现白色孢子,耳片全部展开,有个别下坠现象时,便可采收。采摘黑木耳时,采大留小,采上留下,要求以单片为标准,有连片黑木耳的分成单片。一定要选择晴天,如要连续下雨,宜在天气晴好时,八分熟就可以采收。采摘下的木耳要及时晾晒。刚晾晒时不要翻,以免耳片反向不自然卷曲,互相粘裹而形成拳耳。一般在半干后,再翻动直到耳根晒干。

## 5.思考题

(1)记录黑木耳菌丝发育及子实体形成的过程,总结关键技术要点。
(2)黑木耳袋料栽培容易失败的原因是什么,有什么解决方法?

# 实验四十五　金针菇栽培技术

## 1.实验目的

（1）了解金针菇生长的特点和生物学特性。
（2）掌握金针菇栽培技术。

## 2.实验器材

金针菇栽培种、棉籽壳、木屑、麸皮、石膏、蔗糖、栽培瓶、纸筒等。

## 3.实验原理

金针菇（*Flammulina velutipes*），分类上属于担子菌纲（*Basidiomycetes*），伞菌目（*Agaricales*），白蘑科（*Tricholomataceae*），小火焰菌属（*Flammulina*）或金钱菌属（*Collybia*），俗称构菌、朴菇、冬菇。金针菇干品中一般含蛋白质9%，碳水化合物60%，粗纤维7%，其味道鲜美、营养丰富，具有提高免疫力、降血压、降血脂等药用价值，市场前景广阔。我国金针菇栽培历史悠久，种质资源丰富，传统的金针菇栽培存在生产周期长、栽培流程复杂、受气候影响等缺点。目前，工厂化栽培模式，运用智能化生产理念，按照智能化流水作业要求，已经成为金针菇生产的主流方法。金针菇生长过程中所需的水，要经过抗污染生物膜过滤，空气经过初、中、高效三级过滤，通过自动化配套设施控制光照、温度、水分、空气，为金针菇生长提供最适条件，实现了金针菇全年工厂化生产，保证了金针菇的品相、口感及食品安全要求。

## 4.实验步骤

### 4.1 拌料

选择好配料的配方,按照料:水是1:(1.2～1.25)的比例加水搅拌均匀。

常用配料的配方有:

(1)棉籽壳88%、麸皮10%、糖1%、石膏1%。

(2)木屑40%、棉籽壳38%、麸皮20%、糖1%、石膏1%。

(3)木屑72%、麸皮25%、糖1%、过磷酸钙1%、石膏1%。

(4)麦草粉73%、麸皮25%、糖1%、石膏1%。

### 4.2 装瓶、灭菌、接种

可以使用容积为750 mL、1000mL 的透明玻璃瓶或塑料瓶,瓶颈在7cm 左右。装料应下松上紧,中间松四周紧,包扎好。121℃在高压蒸汽灭菌2h,待料温降至20℃时,接种金针菇栽培种,在24℃培养22～25d,菌丝体即可基本长好。

### 4.3 出菇管理

金针菇出菇管理分为催蕾、抑生、促生三个阶段。

(1)催蕾:将长满菌丝的菌瓶放置在13～14℃条件下,相对湿度在80%～85%的黑暗催蕾室内,室内有进气孔和排气孔。经过8～10d 的催蕾就可以出菇。

(2)抑生:在菇蕾形成后2～3d,将培养物移到温度在3～5℃,相对湿度在70%～80%的抑制室内,逐渐增加风速到3～5m/s。一般抑生5～7d,肉眼可见菌柄和菌盖后,转移到促生室。

(3)促生:当子实体长出瓶口2～3cm 时,及时加套高约12cm 的塑料筒或硬纸筒。保持室温在6～7℃,相对湿度在80%～90%。

### 4.4 采收

当子实体菌柄长到13～14cm 时,就可以采收了。

## 5.思考题

(1)记录金针菇菌丝生长、子实体形成的过程、产量及经济性状,总结关键技术要点。

(2)金针菇瓶栽套筒的作用是什么?

# 实验四十六　灰树花子实体栽培技术

## 1.实验目的

(1)了解灰树花生长的特点和要求。

(2)掌握灰树花培养基的配制原理。

(3)了解灰树花代料栽培的一般流程和管理技术。

## 2.实验器材

### 2.1 实验试剂

杂木屑、麸皮、食用蔗糖、生石膏、PDA 综合培养基。

### 2.2 实验器材

塑料筒制袋(170mm × 300mm × 0.04mm)、出菌环、防水纸、灭菌锅、超净工作台、pH 计、温度计、湿度计、接种铲、皮筋。

## 3.实验原理

灰树花,又名贝叶多孔菌、栗子蘑、舞茸等,属担子菌纲(*Basidiomycetes*)、非褶菌目、多孔菌科、灰树花属真菌,是一种中温型、好氧、喜光的木腐菌,子实体呈现珊瑚状分枝,末端扇形或匙型菌盖,重叠成丛。图 46-1 中,左图为正面,右图为背侧面。

图 46-1　灰树花子实体形态

灰树花生长的 pH 值为 4.5~7.0,最适 pH 值为 5.5~6.5。灰树花营养碳源以葡萄糖为最优,人工栽培时可根据所在地生产情况和成本,选择山毛榉屑、栗木屑、杂木屑、棉籽壳、蔗渣、稻草、豆秆、玉米芯等作为碳源。氮源以有机氮最适宜菌丝生长,硝态氮几乎不能利用,生产中常添加玉米粉、麸皮、大豆粉等增加氮源。

自然环境中的温度、湿度、光照、空气等都会影响栽培的产出效益,其中温度是影响子实体发生和生长发育的主要因素。灰树花菌丝在 20~30℃ 范围内均能生长,最适温度是 24~27℃,子实体可在 15~24℃ 下发生,最适温度为 18~21℃。菌丝生长的环境相对湿度以 65% 为宜,子实体发生的最适湿度是 90%。代料栽培灰树花仅能发生一次子实体。

## 4.实验步骤

(1)将综合马铃薯培养基按 4.6% 的比例加水配制,121℃ 灭菌 20min 后倒斜面,冷却凝固备用。

(2)在超净工作台内,取新鲜完整灰树花,在 75% 酒精中浸泡 30s 消毒,将菌盖与菌柄连接处撕开,用消毒镊子夹取一小块内部菌肉放在斜面上,25℃ 进行培养,至白色菌丝长满整个斜面,作为母种。

(3)按杂木屑 80%、麸皮 8%、食用蔗糖 1%、生石膏 1%、土壤 10% 的比例混合配料,配 110% 水,混匀,使含水量为 60%,装玻璃瓶灭菌,冷却后用灭菌接种铲接入 1 块白色母种菌丝块,25℃ 培养,30d 左右满瓶,作为原种。

(4)按杂木屑 75%、麸皮 23%、食用蔗糖 1%、生石膏 1% 比例混合配料作为代料,挑去配料中的木片、木棒等锐利物,防止划破菌袋。搅匀之后加 100%~

105%的水调匀,使含水量60%~65%。用手抓一把培养料握在手中,攥紧,手指缝中有水印但无水滴滴下,这时的含水量比较适合。含水量过高会导致子实体形成时腐烂。

(5)将混匀配料装入袋内,不要过紧或过松,太紧菌丝生长慢;太松菌丝生长过快,菌丝稀疏,影响产量。每袋装风干料为280~300g,袋口装出菌环,盖防水纸封口,用皮筋或者棉绳扎紧,121℃灭菌1.5h或100℃灭菌8h,冷却到28℃以下,接入原种(体积约鸡蛋大小)。也可购买一级菌种进行液体培养,直接将扩大培养好的液体菌种接入料袋内进行培养。

(6)接入原种后将环境温度控制在22~25℃,空气相对湿度60%~70%,菌丝生长阶段对光线要求不严,可以在光线较暗的环境下培养。在菌丝长满袋后,栽培料表面开始形成浓密的菌被并逐渐隆起时,必须增加光照到200Lux以上,促进灰树花原基的形成。

正常的原种和栽培种在生长中和长满时都应色泽鲜亮、上下一致、洁白,而不应灰暗苍白。如果一瓶(袋)菌种,上下色泽不一致,特别是上部灰暗时,应剔除不用。

(7)增加光照强度之后,经过10~15d,表面凸起的顶部开始逐渐膨大,变成深灰褐色,表面形成皱褶状,即为灰树花的原基。将菌培养保持温度20~22℃,湿度85%~90%,光照200~500Lux,3~5d后除去菌环,袋口盖吸水纸,每日喷水保持湿润,通风2~3次。20d左右菌盖充分展开,颜色由深灰变为浅灰色时采摘。用小刀从根部将整丛菇割下,可连收2~3茬。

# 5.注意事项

灰树花菇型不良与环境密切相关。缺乏光照导致白化菇,水汽重、通风差导致鹿角菇和高脚菇,光照差、通风差导致小散菇,光照强、水分少导致焦化菇,低温导致原基不生长。

# 6.思考题

(1)灰树花生长的控制点有哪些?

(2)光照对灰树花生长过程的主要影响是什么?

# 主要参考文献

[1] 常景玲. 生物工程实验技术[M]. 北京:科学出版社,2012.

[2] 刘国生. 微生物学实验技术[M]. 北京:科学出版社,2017.

[3] 咸洪泉,郭立忠. 微生物学实验教程[M]. 北京:高等教育出版社,2010.

[4] 王冬梅. 微生物学实验指导[M]. 北京:科学出版社,2017.

[5] 刘素纯,吕嘉枥,蒋立文. 食品微生物学实验[M]. 北京:化学工业出版社,2013.

[6] 王艳萍. 食品生物技术实验指导[M]. 北京:中国轻工业出版社,2012.

[7] 邹晓葵. 发酵食品加工技术[M]. 北京:金盾出版社,2007.

[8] 周德庆. 微生物学实验教程[M]. 北京:高教出版社,2006.

[9] 李玉峰,唐洁. 工科微生物学实验[M]. 四川:西南交通大学出版社,2007.

[10] J. P. 哈雷著,谢建平等译. 图解微生物实验指南[M]. 北京:科学出版社,2012.

[11] 蒋咏梅. 微生物育种学实验[M]. 北京:科学出版社,2012.

[12] 龚明福,王红. 微生物技术理论与应用研究[M]. 北京:中国水利水电出版社,2014.

[13] 张根生,赵全,岳晓霞. 食品中有害化学物质的危害与检测[M]. 北京:中国计量出版社,2006.

[14] Tortora G J, B R Funke, C L Case. Microbiology：An Introduction. 2nd Edn[M]. Benjamin/ Cummings, 1986.

[15] Ketchum P A. Microbiology：Introduction for Health Professional[M]. John – Willey, 1984.

[16] 宋秀红. 食用菌栽培技术[M]. 石家庄:河北科学技术出版社,2016.

[17] 洪震,卯晓岚. 食用药用菌实验技术及发酵生产[M]. 北京:中国农业科技出版社,1992.

[18] 李进,吴冬梅,梁丽静等. 现代发酵工程实验指导[M]. 成都:电子科技大学出版社,2017.

［19］郝林,孔庆学,方祥.食品微生物学实验技术［M］.北京:中国农业大学出版社,2016.

［20］刘智,张栋.微生物学实验操作技术［M］.北京:科学技术出版社,2016.

［21］李太元,许广波.微生物学实验指导［M］.北京:中国农业出版社,2016.

［22］黄亚东,时小艳.微生物实验技术［M］.北京:中国轻工业出版社,2013.

［23］程丽娟,薛泉宏.微生物学实验技术［M］.北京:科学出版社,2012.

［24］侯红漫.食品微生物检验技术［M］.北京:中国农业出版社,2010.

［25］贺稚非,刘素纯,刘书亮.食品微生物检验原理与方法［M］.北京:科学出版社,2016.

# 附　录

# I　常用培养基配方

　　目前绝大多数培养基使用前均需在151℃(或121℃)下灭菌15min,如容器装载量大可适当延长灭菌时间。绝大多数培养基成分均可购买到干粉,目前市面上有预混合的、可直接加水使用的成品培养基,也有部分公司提供预配、已分装的含培养基的灭菌平板。但需注意的是,含水培养基适用期限大大短于干粉培养基,同时需在冰箱中冷藏保存(一般需提前与公司销售人员预定,保证生产日期最新)。实验者可根据自己实验计划、精力和财力进行选择。

　　1. 牛肉膏蛋白胨液体培养基(营养肉汤培养基,细菌培养)

　　成分:蛋白胨 10.0g,牛肉膏 3.0g,NaCl 5.0g,蒸馏水 1000mL。

　　制法:上述成分混合,调 pH 为 7.4~7.6,121℃高压灭菌 20min。

　　2. 牛肉膏蛋白胨琼脂培养基(营养琼脂培养基,细菌培养)

　　成分:蛋白胨 10.0g,牛肉膏 3.0g,NaCl 5.0g,琼脂 15.0~20.0g,蒸馏水 1000mL。

　　制法:将除琼脂外的各成分溶解于蒸馏水中,调 pH 为 7.0~7.4,加入琼脂,分装于三角瓶内,121℃,20min 高压灭菌备用。必要时可灭菌前预煮,初沸后摇匀,可防止灭菌后培养基出现分层(琼脂粉偏重)。

　　3. LB 培养基(Luria – Bertani 培养基,大肠埃希菌等细菌培养)

　　成分:蛋白胨 10.0g,酵母膏 5.0g,NaCl 10.0g,蒸馏水 1000mL。

　　制法:上述成分混合,调 pH 为 7.0~7.2,121℃高压灭菌 20min。

　　4. 克氏(Kleyn)培养基(酵母菌子囊孢子培养)

　　成分:$KH_2PO_4$ 0.12g,$K_2HPO_4$ 0.2g,醋酸钠 5.0g,葡萄糖 0.62g,NaCl 0.62g,蛋白胨 2.5g,水洗琼脂 20.0g,生物素(biotin)20μg,混合盐溶液 10mL,蒸馏水 1000mL。

　　混合盐溶液成分:$MgSO_4 \cdot 7H_2O$ 0.4%,NaCl 0.4%,$CuSO_4 \cdot 5H_2O$ 0.02%,$MnSO_4 \cdot 5H_2O$ 0.02%,$FeSO_4 \cdot 5H_2O$ 0.02%,蒸馏水 100mL。

　　制法:将上述成分混合,调 pH 至 6.9~7.1,115℃高压灭菌 15min。

5.饴糖培养基(酵母菌培养)

成分:饴糖 10.0g,琼脂 15.0g,蒸馏水 1000mL。

制法:将市售饴糖加水稀释到 5~6°Be′,加入 1.5%~2% 琼脂,121℃,调 pH 至 6.4 左右,112~115℃灭菌 20min。

6.马丁氏(Martin)琼脂培养基(真菌培养)

成分:葡萄糖 10.0g,蛋白胨 5.0g,$K_2HPO_4$ 1.0g,$MgSO_4 \cdot 7H_2O$ 0.5g,1/3000 孟加拉红(rosebengal,玫瑰红水溶液)100mL,琼脂 15.0~20.0g,蒸馏水 800mL。

制法:将上述成分混合,pH 自然,112℃高压灭菌 30min。临用前加入 0.03% 链霉素稀释液 100mL,使培养基中含链霉素浓度 30μg/mL。

7.豆芽汁蔗糖(或葡萄糖)培养基(霉菌培养)

成分:黄豆芽 100.0g,蔗糖(或葡萄糖)50.0g,水 1000mL。

制法:将黄豆芽 100.0g 洗净,在 1000mL 水中煮沸 30min,纱布过滤得豆芽汁,补足水分至 1000mL。加入蔗糖(或葡萄糖)融化,pH 自然,121℃灭菌 20min。

8.麦芽汁琼脂培养基(酵母和丝状真菌培养)

成分:优质大麦或小麦,琼脂,蒸馏水,碘液。

制法:取优质大麦或小麦若干,浸泡 6~12h,置于深约 2cm 的浅盘上摊平,20℃下发芽,上盖湿纱布,每日早、中、晚各淋水一次,麦芽伸长至麦粒 1~1.5 倍时,停止发芽,晾干或 50℃以下烘干。称取 300.0g 干麦芽磨碎,加 1000mL 水,38℃保温 2h,再升温至 45℃,30min,再提高到 50℃,30min,再升至 60℃,糖化 1~1.5h。取糖化液少许,加碘液 1~2 滴,如不为蓝色说明糖化完毕,用文火煮 30min,四层纱布过滤。如滤液不清,可用一个鸡蛋清加水约 20mL 调匀,打至起沫,倒入糖化液中搅拌煮沸再过滤,即可得澄清麦芽汁。用波美计检测糖化液浓度达 5~6°Be′,调 pH 至 6.0,加入 1.5%~2% 琼脂,121℃灭菌 20min。亦可购买酒厂麦芽原汁,加水稀释至 5~6°Be′。

9.查(察)氏培养基(霉菌培养)

成分:$NaNO_3$ 3.0g,$K_2HPO_4 \cdot 3H_2O$ 1.0g,$MgSO_4 \cdot 7H_2O$ 0.5g,KCl 0.5g,$FeSO_4 \cdot 7H_2O$ 0.01g,蔗糖或葡萄糖 30.0g,琼脂 15.0~20.0g,蒸馏水 1000mL,pH 自然。

制法:加热溶解,分装后 121℃灭菌 20min。

10.马铃薯葡萄糖抗生素琼脂培养基(PDA,霉菌和酵母菌培养)

成分:马铃薯(去皮)200.0g,葡萄糖 20.0g,琼脂 15.0~20.0g,水 1000mL。

制法:将马铃薯去皮、洗净、切成小块,称取 200.0g 加入 1000mL 水煮沸 20~

30min(至玻璃棒可轻松插入),用4层纱布过滤,滤液补足水至1000mL,即得马铃薯煮汁。再加入糖和琼脂,溶化后分装,121℃灭菌20min,pH自然。另外,用少量乙醇溶解0.1g氯霉素,加入1000mL培养基中,分装后高压灭菌。

11.综合马铃薯培养基(灵芝、平菇、香菇等食用菌菌种培养)

成分:20%马铃薯煮汁1000mL,$K_2HPO_4$ 3.0g,$MgSO_4 \cdot 7H_2O$ 1.5g,葡萄糖20.0g,维生素$B_1$ 8.0mg,琼脂18.0~20.0g。

制法:先配制20%的马铃薯煮汁,方法同PDA培养基。在煮汁中加入上述各种组分,加热溶解,121℃灭菌20min,pH自然。

12.马铃薯牛奶培养基(乳酸菌培养)

成分:马铃薯(去皮)200.0g,脱脂牛奶100mL,琼脂15.0~20.0g,酵母膏5.0g,调pH为7.2~7.6。

制法:马铃薯切碎加500mL水,煮沸后用4层纱布过滤,取滤液,加酵母膏和琼脂,加水至900mL,调pH至7.0。以上成分121℃高压灭菌20min,脱脂鲜牛奶108℃高压灭菌15min,混合上述成分后再倒板。

13.高氏Ⅰ号培养基(放线菌、霉菌培养)

成分:可溶性淀粉20.0g,$KNO_3$ 1.0g,NaCl 0.5g,$K_2HPO_4$ 0.5g,$MgSO_4 \cdot 7H_2O$ 0.5g,$FeSO_4 \cdot 7H_2O$ 0.01g,琼脂15.0~20.0g,蒸馏水1000mL。

制法:先用少量冷水将淀粉调成糊状,倒入沸水中,火上加热,边加热搅拌边加入其他成分,融化后,补水至1000mL,调pH至7.2~7.4,121℃灭菌20min。

14.淀粉培养基(放线菌、霉菌培养)

成分:可溶性淀粉2.0g,蛋白胨10.0g,牛肉膏5.0g,NaCl 5.0g,琼脂15.0~20.0g,蒸馏水1000mL。

制法:淀粉溶解步骤可参照高氏Ⅰ号培养基,各成分混合均匀后121℃灭菌20min。

15.麦氏培养基(醋酸钠琼脂培养基,酵母菌培养)

成分:葡萄糖1.0g,KCl 1.8g,酵母浸膏2.5g,醋酸钠8.2g,琼脂15.0~20.0g,蒸馏水1000mL。

制法:将以上成分加入到蒸馏水中,加热使完全溶解,pH自然,113℃灭菌30min。

16.MRS培养基(乳酸菌培养)

成分:蛋白胨10.0g,牛肉膏10.0g,酵母膏5.0g,$K_2HPO_4$ 2.0g,柠檬酸二铵2.0g,乙酸钠5.0g,葡萄糖20.0g,吐温-80 1.0mL,$MgSO_4 \cdot 7H_2O$ 0.58g,

$MnSO_4 \cdot 4H_2O$ 0.25g,琼脂 15.0 ~ 20.0g,蒸馏水 1000mL。

制法:将以上成分加入到蒸馏水中,加热使完全溶解,调 pH 至 6.2 ~ 6.6,分装后于 121℃灭菌 20min(灭菌后 pH 为 6.0 ~ 6.5)。

17. LAB 培养基(乳酸菌培养)

成分:牛肉膏 10.0g,酵母膏 10.0g,乳糖 20.0g,吐温 - 80 1.0mL,琼脂 10.0g,$CaCO_3$ 10.0g,$K_2HPO_4$ 1.0g,蒸馏水 1000mL。

制法:将以上成分加入到蒸馏水中,调 pH 至 6.6,121℃灭菌 20min。

18. 蛋白胨水琼脂培养基(吲哚实验)

成分:蛋白胨 10.0g,NaCl 5.0g,蒸馏水 1000mL。

制法:将以上成分加入到蒸馏水中,调 pH 至 7.6,121℃灭菌 20min。

19. 糖发酵培养基(糖发酵实验)

成分:蛋白胨 10.0g,NaCl 5.0g,20%糖(乳糖、葡萄糖、蔗糖等)溶液 10.0mL,1.6%溴甲酚紫水溶液 1.0 ~ 2.0mL,蒸馏水 1000mL。

制法:将蛋白胨、NaCl、指示剂溶于 1000mL 水中,调 pH 至 7.6,分装于试管中,并在管内放一倒置的德汉氏管(Durhamtube),使之充满液体,121℃灭菌 20min。糖溶液单独 112℃灭菌 30min。灭菌后,每管以无菌操作程序分别加入 20%的无菌糖溶液 0.5mL(按每 10mL 培养基中加入 20%糖液 0.5mL,成 1%浓度)。

20. 血琼脂培养基

成分:牛心浸粉 500.0g,胰蛋白胨 10.0g,NaCl 5.0g,琼脂 15.0g,蒸馏水 1000mL。

制法:将上述成分溶解,pH 调至 7.3,121℃,灭菌 15min。将无菌血琼脂培养基降温至 45 ~ 50℃(冬季可适当提升 5 ~ 10℃)并无菌操作加入 50mL 灭菌的去纤维蛋白血液,充分混匀后分装到平板内。

21. 石蕊牛奶培养基

成分:牛奶粉 100.0g,石蕊 0.075g,蒸馏水 1000mL。

制法:将以上成分加入到蒸馏水中,调 pH 至 6.8,121℃灭菌 15min。

22. 伊红美蓝培养基(EMB 培养基,大肠菌群培养)

成分:蛋白胨水琼脂培养基(见常用培养基配方 18)100mL,20%乳糖水溶液 2mL,2%伊红水溶液 2mL,0.5%美蓝水溶液 1mL。

制法:将已灭菌的蛋白胨水琼脂培养基(pH 7.6)加热融化,冷却至 60℃左右,再把已灭菌的乳糖溶液、伊红溶液及美蓝溶液按上述量以无菌操作加入,摇匀后立即倒平板。乳糖在高温灭菌易被破坏,因此必须严格控制灭菌温度,115℃灭菌20min。

23. 葡萄糖蛋白胨水培养基

成分:蛋白胨5.0g,葡萄糖5.0g,$K_2HPO_4$ 2.0g,蒸馏水1000mL。

制法:将以上成分加入到蒸馏水中,调pH至7.0～7.2,过滤分装,每管10mL,112℃灭菌30min。

24. 油脂培养基

成分:蛋白胨10.0g,牛肉膏5.0g,NaCl 5.0g,香油(或花生油)10.0g,1.6%中性红溶液1mL,琼脂15.0～20.0g,蒸馏水1000mL。

制法:将以上成分(除中性红溶液)加入到蒸馏水中,加热溶解,先调pH至7.2,再加入中性红溶液,分装时不断搅拌保证油滴均匀分布于培养基中,每管10mL,121℃灭菌20min。

25. 乙酸铅培养基(硫化氢试验)

成分:蛋白胨1.0g,牛肉膏0.3g,NaCl 0.5g,琼脂1.5～2.0g,蒸馏水100mL,硫代硫酸钠0.25g,10%乙酸铅水溶液1mL。

制法:将蛋白胨、牛肉膏、NaCl、琼脂于蒸馏水中加热溶解,冷却至60℃后加入硫代硫酸钠,调pH至7.0～7.2,分装于三角瓶内,115℃,15min高压灭菌。灭菌结束后冷却至55～60℃,加入10%无菌乙酸铅水溶液,混匀后倒入灭菌平板或试管。

26. 乳糖蛋白胨培养液(检测水体中的大肠杆菌)

成分:蛋白胨10.0g,牛肉膏3.0g,乳糖5.0g,NaCl 5.0g,1.6%溴甲酚紫乙醇溶液1mL,蒸馏水1000mL。

制法:将蛋白胨、牛肉膏、NaCl、乳糖于蒸馏水中加热溶解,调pH至7.2～7.4,加入1.6%溴甲酚紫乙醇溶液,充分混匀后分装于有倒置小管的三角瓶内,115℃,20min高压灭菌。

27. 中性红培养基(厌氧菌培养)

成分:胰蛋白胨6.0g,葡萄糖40.0g,牛肉膏2.0g,酵母膏2.0g,乙酸铵3.0g,中性红0.2g,$KH_2PO_4$ 0.5g,$MgSO_4 \cdot 7H_2O$ 0.2g,$FeSO_4 \cdot 7H_2O$ 0.01g,蒸馏水1000mL。

制法:将以上成分于蒸馏水中加热溶解,调pH至6.2,121℃,30min高压灭菌。

28. TYA培养基(厌氧菌培养)

成分:胰蛋白胨6.0g,葡萄糖40.0g,牛肉膏2.0g,酵母膏2.0g,乙酸铵3.0g,

$KH_2PO_4$ 0.5 g,$MgSO_4 \cdot 7H_2O$ 0.2g,$FeSO_4 \cdot 7H_2O$ 0.01g,蒸馏水 1000mL。

制法:将以上成分于蒸馏水中加热溶解,调 pH 至 6.5,121℃,30min 高压灭菌。

# Ⅱ 常用染色液及试剂的配制方法

## 一、常用染色剂的配制

1. 吕氏(Loeffler)美蓝染色液

A 液:美蓝(Methylene blue)0.3g,95% 乙醇 30mL。

B 液:KOH 0.01% 100mL。

制法:分别配制 A 液和 B 液,然后混合均匀即成。

2. 齐氏(Ziehl)石炭酸复红染色液

A 液:碱性复红(Basicfuchsin)0.3g,95% 乙醇 10mL。

B 液:石炭酸(苯酚)5.0g,蒸馏水 95mL。

制法:将碱性复红溶于95% 乙醇中,配成 A 液。将石炭酸溶于蒸馏水中,配成 B 液。将两者混合均匀即可。B 液需在褐色瓶中储藏。

3. 结晶紫染色液(Hucker 氏配方)

A 液:结晶紫 2.5g,95% 乙醇 25mL。

B 液:草酸铵 1.0g 蒸馏水 100mL。

制法:将结晶紫研细后,加入95% 乙醇,使之溶解,配成 A 液。将草酸铵溶于蒸馏水,配成 B 液。将两者混合均匀即可。

4. 卢戈氏 (LugoI)碘液(革兰氏鉴别染色用)

成分:碘 1.0g,碘化钾 2.0g,蒸馏水 300mL。

制法:先将碘化钾溶于少量蒸馏水(3.0~5.0mL)中,再将碘溶于碘化钾溶液中,溶时可稍加热,最后加足蒸馏水。

5. 番红染色液(革兰氏鉴别染色用)

成分:番红 O(SafraninO)2.5g,95% 乙醇 100mL。

制法:将上述两者混合均匀,取该混合液 10mL 与 80mL 蒸馏水混匀即可。

6. 番红染色液(芽孢染色用)

成分:番红 O 0.5g,蒸馏水 100mL。

制法:将上述两者混合均匀即可。

7. 5% 孔雀绿染色液(芽孢染色用)

成分:孔雀绿(Malachitegreen)5.0g,蒸馏水 100mL。

制法:将孔雀绿研细,加蒸馏水混匀即可。

8. Dorner's 苯胺黑溶液(负染用)

成分:黑色素(Nigrosin)10.0g,蒸馏水 100mL,福尔马林(40% 甲醛)0.5mL。

制法:将黑色素在蒸馏水中沸煮 30min,加入福尔马林作为防腐剂,用滤纸过滤 2 次。保存于深色瓶中,冰箱冷藏保存。

9. Leifson 氏鞭毛染色液

A 液:碱性复红 1.2g,95% 乙醇 100mL。二者混合后取 10mL,与 80mL 蒸馏水混匀即可。

B 液:单宁酸 3.0g,蒸馏水 100mL。

C 液:NaCl 1.5g,蒸馏水 100mL。

制法:临用前将 A、B、C 液等量混合均匀后使用。三种溶液分别于室温保存可达几周,冰箱保存可达数月。混合液密封后置冰箱几周仍可使用。

10. 乳酸石炭酸棉蓝染色液(真菌制片,短期保存)

成分:石炭酸 10.0g,甘油 20mL,乳酸(相对密度 1.21)10mL,棉蓝(Cottonblue)0.02g,蒸馏水 10mL。

制法:将石炭酸加在蒸馏水中加热溶化,加入乳酸和甘油,最后加入棉蓝,溶解混合均匀即可。

11. 硝酸银鞭毛染色液(鞭毛染色)

A 液:单宁酸 5.0g,$FeCl_3$ 1.5g,蒸馏水 100mL,1% NaOH 1mL。冰箱中可保存 3~7d,延长保存期产生的沉淀可用滤纸去除,仍可使用。

B 液:$AgNO_3$ 2.0g,蒸馏水 100mL。

制法:$AgNO_3$ 加入蒸馏水中,待 $AgNO_3$ 溶解后,取 10mL 备用,向其余 90mL $AgNO_3$ 溶液中滴入浓 $NH_3 \cdot H_2O$,形成浓厚悬浮液,再继续滴加 $NH_3 H_2O$,直至新产生的沉淀刚刚溶解为止。将备用的 10mLAgNO3 摇动,直至出现轻微而稳定的薄雾状沉淀不再消失为止,雾重表明银盐沉淀出,不宜使用。

12. 席夫氏(Schiff)试剂(细胞核染色)

成分:碱性复红 1.0g,HCl 1mol/L,$Na_2S_2O_5$ 3.0g,中性活性炭,蒸馏水 200mL。

制法:将碱性复红加入200mL煮沸的蒸馏水中,振荡5min,冷却至50℃左右过滤,再加入1mol/L HCl 20mL摇匀。待冷却至25℃时,加$Na_2S_2O_5$ 3.0g,摇匀后装棕色瓶中,用黑纸包好,放置暗处过夜,试剂此时应为淡黄色(如为粉红色则不能使用),再加中性活性炭过滤,滤液振荡1min再过滤,将滤液置暗冷处备用(过滤需在避光条件下进行)。整个操作过程中所用的一切器皿都需要十分干燥、洁净,以消除还原性物质。

13. 姬姆萨(Giemsa)染液

成分:姬姆萨粉0.5g,甘油33mL,甲醇33mL。

制法:

(1)贮存液:先将姬姆萨粉研细,再逐滴加入甘油,继续研磨,最后加入甲醇,在56℃放置1~24h后即可使用。

(2)应用液(临用时配制):取1mL贮存液加19mL pH 7.4磷酸缓冲液即成。

14. 0.5%沙黄(Safranine)染色液

成分:沙黄0.005g,乙醇20 mL,蒸馏水80mL。

制法:2.5%沙黄乙醇溶液20mL(可作为母液保存于密封棕色瓶),使用时用80mL蒸馏水稀释。

15. 1%瑞氏(Wright's)染色液

成分:瑞氏粉6g,甲醇600mL。

制法:将瑞氏粉放研钵内研细,不断滴加甲醇(终体积600mL)并继续研磨使溶解。经过滤后染液需贮存1年以上才可以使用。

16. 考马斯亮蓝R-250染色液

成分:考马斯亮蓝R-250 1.0g,异丙醇250mL,冰醋酸100mL,去离子水650mL。

制法:取考马斯亮蓝R-250置于1L烧杯中,加入250mL异丙醇搅拌溶解,再加入100mL冰醋酸均匀搅拌,加入650mL去离子水均匀搅拌。用滤纸去除颗粒物后,室温保存。

17. 考马斯亮蓝R-250脱色液

成分:乙酸100mL,乙醇50mL,蒸馏水850mL。

制法:将三种成分量取后置于1000mL烧杯中,充分混合均匀后使用。

18. 1%美蓝染液

成分:美蓝1g,95%乙醇100mL。

制法:将美蓝与95%乙醇混合后过滤。使用0.01%的美蓝染液时,可用去离子水稀释。

## 二、常用试剂的配制

1. 显微镜镜头清洁剂

将乙醚:乙醇以 7:3 混合均匀,装入滴瓶备用。用于擦拭显微镜镜头上的油迹和污垢等(注意瓶口必须塞紧,以免挥发)。

2. 0.7% 生理盐水

取 NaCl 0.7g 溶于 100mL 蒸馏水。

3. 中性红试剂

中性红 0.1g,95% 乙醇 60mL,蒸馏水 40mL。

中性红在 pH 6.8 ~ 8.0 的乙醇溶液中由红色变为黄色,常用浓度为 0.04%。

4. 甲基红试剂

甲基红 0.04g,95% 乙醇 60mL,蒸馏水 40mL。

甲基红先溶于乙醇再加水。

5. 溴甲酚紫指示剂

溴甲酚紫 0.04g,0.01mol/L NaOH 7.4mL,蒸馏水 92.6mL。

溴甲酚紫在 pH 5.2 ~ 6.8 由黄色变为紫色,常用浓度为 0.04%。

6. 溴麝香草酚蓝指示剂

溴麝香草酚蓝 0.04g,0.01mol/L NaOH 6.4mL,蒸馏水 93.6mL。

溴麝香草酚蓝在 pH 6.0 ~ 7.6 由黄色变为蓝色,常用浓度为 0.04%。

7. 碘液(测定淀粉液化程度)

(1)原碘液:碘 11.0g,碘化钾 22.0g。先用少量蒸馏水溶解碘化钾,再加入碘,待完全溶解后再定容至 500mL,贮存于棕色瓶内。

(2)稀碘液:原碘液 2mL,碘化钾 20.0g。上述两种成分混合用蒸馏水溶解后定容至 500mL,贮存于棕色瓶内。

8. V - P 试剂

5% α - 萘酚无水乙醇溶液(α - 萘酚 5.0g,无水乙醇溶液 100mL),40% KOH溶液(KOH 40.0g,蒸馏水 100mL)。

9. 吲哚试剂

对二甲基氨基苯甲醛 2.0g,95% 乙醇 190mL,浓盐酸 40mL。

# Ⅲ 常用消毒剂和杀菌剂的配制方法与使用范围

1.0.05%~0.1%升汞(HgCl₂),植物和虫体外消毒,非金属器皿消毒,不能与碘酒同时使用。

2.2%红汞(汞溴红),体表、皮肤黏膜小创伤消毒,不能与碘酒同时使用。

3.0.01%~0.1%硫柳汞,生物制品防腐,皮肤、手术部位消毒。

4.2%~4%龙胆紫(结晶紫),浅表创伤消毒。

5.0.1%~3%高锰酸钾,皮肤、器皿消毒,蔬菜、水果消毒,需新鲜配制。

6.3%过氧化氢,口腔黏膜消毒,冲洗伤口。

7.0.1%~0.5%过氧乙酸,塑料、玻璃、人造纤维、皮毛、食具消毒。0.1%浸泡2~5min可对鸡蛋表面灭菌,0.2%浸泡2~5min可抑制蔬菜、水果表面的霉菌。

8.36%~40%福尔马林(甲醛)溶液,熏蒸空气(接种室、培养室)2~6mL/m³。

9.1%~5%漂白粉,喷洒接种室或培育室消毒,饮水和粪便消毒。

10.0.25%新洁尔灭,皮肤及器皿消毒。刺激性小,易溶于水,稳定,对芽孢无效,遇肥皂或其他合成洗涤剂时作用减弱。

11.70%~75%乙醇,皮肤、体温计消毒。易挥发,有刺激性,不宜用于黏膜及创伤,对芽孢无效。

12.10mL/m³甲醛,接种室消毒,加热熏蒸,空气消毒。挥发慢,刺激性强。

13.3%~5%石炭酸,地面、家具、器皿的表面消毒及排泄物消毒。石炭酸腐蚀性强,杀菌力强,有特殊气味。

14.1%~3%生石灰(加水配成糊状),消毒排泄物及地面。新鲜配制,有强腐蚀性。

15.5 mL/m³~10mL/m³的醋酸,加等量水后加热,用于接种室空气熏蒸消毒。

16.15.0g/m³硫黄熏蒸,进行空气消毒。

17.3%~5%来苏水(煤皂酚液),可擦洗消毒桌面及器械,接种室消毒。杀菌力强,有特殊气味。

18.0.05%~0.1%度米芬,金属器械、棉织品、塑料、橡皮制品消毒。

19.2%戊二醛,精密仪器、医疗器械消毒。

20.0.1%~0.2%氯己定溶液,皮肤消毒、口腔清洁护理、术前洗手。

21. 0.05%~0.1%苯扎溴铵,手术前洗手、皮肤黏膜消毒,器械浸泡消毒。遇肥皂或其他合成洗涤剂时作用减弱。

22. 2.5%碘液,皮肤消毒。

# Ⅳ 部分常用微生物拉丁名对照表

## A

*Acinetobacter beijerinckii* 拜氏不动杆菌

*Actinomyces bouvetii* 包氏放线菌

*Actinomyces gandensis* 根特放线菌

*Acinetobacter haemolyticus* 溶血不动杆菌

*Acinetobacter radioresistens* 抗辐射不动杆菌

*Aeromonas hydrophila* 嗜水气单胞菌

*Acetobacteroides hydrogenigenes* 产水乙酸拟杆菌

*Aeromonas aquariorum* 源水气单胞菌

*Aeromonas hydrophila* 嗜水气单胞菌

*Aeromonas veronii* 维氏气单胞菌

*Alcaligenes faecalis* 粪产碱菌

*Alcaligenes faecalis* 粪产碱菌

*Alcaligenes aquatilis* 水生产碱菌

*Arcanobacterium bernardiae* 伯纳德隐秘杆菌

*Arcobacter cryaerohoilus* 嗜低温弓形杆菌

*Aspergillus flavus* 黄曲霉

*Aspergillus flavus var. Columnaris* 黄曲霉柱头变种

*Aspergillus niger* 黑曲霉

*Aspergillus oryzae* 米曲霉

## B

*Bacillus cereus* 蜡状芽孢杆菌

*Bacillus subtilis* 枯草芽孢杆菌

*Bacillus luteus* 藤黄芽孢杆菌

*Bacillus thuringiensis* 苏云金芽孢杆菌

*Bacteroides caccae* 粪拟杆菌

*Bacteroides capillosus* 多毛拟杆菌

*Bacteroides eggerthii* 埃氏拟杆菌

*Bacteroides fragilis* 脆弱拟杆菌

*Bacteroides stercoris* 粪便拟杆菌

*Bacteroides thetaiotaomicron* 多形拟杆菌

*Bacteroides uniformis* 单形拟杆菌

*Bacteroides ureolyticus* 解脲拟杆菌

*Bacteroides vulgatus* 普通拟杆菌

*Beauveria bassiana* 球孢白僵菌

*Bifidobacterium adolescentis* 青春双歧杆菌

*Bifidobacterium bifidum* 双歧杆菌

*Bifidobacterium breve* 短双歧杆菌

*Bifidobacterium infantis* 婴儿双歧杆菌

*Bifidobacterium longum subsp. Infantis* 长双歧杆菌婴儿亚种

*Bifidobacterium pseudocatenulatum* 假小链双歧杆菌

*Brevundimonas vesicularis* 泡囊短波单胞菌

*Brevibacterium casei* 乳酪短杆菌

*Brevibacterium epidermidis* 表皮短杆菌

# C

*Campylobacter coli* 大肠弯曲杆菌

*Campylobacter mucosalis* 黏膜弯曲杆菌

*Candida albicans* 白假丝酵母

*Candida catenulata* 链状假丝酵母

*Candida colliculosa* 软假丝酵母

*Candida curvata* 弯假丝酵母

*Candida floccosa* 絮凝假丝酵母

*Candida glabrata* 光滑假丝酵母

*Candida globosa* 球形假丝酵母

*Candida kefyr* 乳酒假丝酵母

*Candida krusei* 克鲁斯假丝酵母

*Candida lipolytica* 解脂假丝酵母

*Candida parapsilosis* 近平滑假丝酵母

*Candida pulcherrima* 铁红假丝酵母

*Candida rugosa* 皱落假丝酵母

*Candida rugosa* 皱褶假丝酵母

*Candida sake* 清酒假丝酵母

*Candida tropicalis* 热带假丝酵母

*Candida utilis* 产朊假丝酵母

*Candida vartiovaarae* 瓦尔假丝酵母

*Ceotruchum candidum* 假丝地霉

*Ceotrichum capitatum* 头状地霉

*Ceotruchum fermenfans* 发酵地霉

*Chaetomium luteum* 藤黄毛壳

*Chromobacterium violaceum* 紫色色杆菌

*Chryseobacterium indologenes* 产吲哚金黄杆菌

*Chryseomonas luteola* 浅黄金色单胞菌

*Citrobacter freundii* 弗氏柠檬酸杆菌

*Citrobacter koseri* 合适柠檬酸杆菌

*Citrobacter youngae* 杨氏柠檬酸杆菌

*Clostridium algifaecis* 藻渣梭菌

*Clostridium amylolyticum* 解淀粉梭菌

*Clostridium acetobutylicum* 丙酮丁醇梭菌

*Clostridium beijerinckii* 拜氏梭菌

*Clostridium bifermentans* 双酶梭菌

*Clostridium botulinum* 肉毒梭菌

*Clostridium butyricum* 丁酸梭菌

*Clostridium clostridiiforme* 梭状梭菌

*Clostridium glycolicum* 乙二醇梭菌

*Clostridium limosum* 泥渣梭菌

*Clostridium pasteurianum* 巴氏芽孢梭菌

*Clostridium paraputrificum* 类腐败梭菌

*Clostridium perfringens* 产气荚膜杆菌

*Clostridium ramosum* 多枝梭菌

*Clostridium sordellii* 索氏梭菌

*Clostridium sporogenes* 生孢梭菌

*Clostridium subterminale* 近端梭菌

*Clostridium tetani* 破伤风梭菌

*Corynebacterium afermentans* 非发酵棒杆菌

*Corynebacterium amycolatum* 无枝菌酸棒杆菌

*Corynebacterium aquaticum* 水生棒杆菌

*Corynebacterium casei* 干酪棒杆菌

*Corynebacterium glutamicum* 谷氨酸棒杆菌

*Corynebacterium minutissimum* 极小棒杆菌

*Corynebacterium pilosum* 多毛棒杆菌

*Corynebacterium xerosis* 干燥棒杆菌

*Cryptococcus cuniculi* 兔隐球酵母

*Cryptococcus pinicola* 松树生隐球酵母

# D

*Debaryomyces hansenii* 汉逊德巴利酵母

# E

*Enterobacter aerogenes* 产气肠杆菌

*Enterobacter cloacae* 阴沟肠杆菌

*Enterococcus avium* 鸟肠球菌

*Enterococcus casseliflavus* 铅黄肠球菌

*Enterococcus durans* 耐久肠球菌

*Enterococcus faecalis* 粪肠球菌

*Enterococcus hirae* 海氏肠球菌

*Enterococcus sacchrolyticus* 解糖肠球菌

*Escherichia coli* 大肠埃希氏菌

*Escherichia hermannii* 赫氏埃希氏菌

*Eubacterium aerofaciens* 产气真杆菌

*Eubacterium barkeri* 巴氏真杆菌

*Eubacterium lentum* 迟缓真杆菌

*Ewingella americana* 美洲爱文菌

# F

*Fusarium oxysporum* 尖孢镰刀菌

*Fusobacterium nucleatum* 具核梭杆菌

*Fusobacterium varium* 可变梭杆菌

# G

*Geotrichum candidum* 白地霉

*Geotrichum capitatum* 头状地霉

*Geotrichum penicillatum* 帚状地霉

# H

*Hansenula anomala* 异常汉逊酵母

*Hansenula arabitolgenes* 阿拉伯糖醇汉逊酵母

*Hansenula saturnus* 土星汉逊酵母

*Hansenula subpelliculosa* 亚膜汉逊酵母

# K

*Klebsiella oxytoca* 产酸克雷伯氏菌

*Klebsiella pneumoniae* 肺炎克雷伯氏菌

*Klebsiella terrigena* 土生克雷伯氏菌

*Klebsiella variicola* 栖异地克雷伯氏菌

*Kocuria polaris* 极考克氏菌

*Kocuria rhizophila* 嗜根考克氏菌

*Kocuria rosea* 玫瑰色考克氏菌

*Kocuria varians* 变化考克氏菌

*Kytococcus sedentaruis* 不动盖球菌

# L

*Lactobacillus acidophilus* 嗜酸乳杆菌

*Lactobacillus buchneri* 布氏乳杆菌

*Lactobacillus casei* 干酪乳杆菌

*Lactobacillus delbruechii subsp. Bulgaricus* 德氏乳杆菌保加利亚亚种

*Lactobacillus fermentum* 发酵乳杆菌

*Lactococcus garvieae* 格氏乳球菌

*Lactococcus lactis* subsp. *cremoris* 乳酸乳球菌乳脂亚种

*Lactococcus lactis* subsp. *lactis* 乳酸乳球菌乳亚种

*Lactobacillus kefiri* 高加索酸奶乳杆菌

*Lactobacillus plantarum* 植物乳杆菌

*Lactococcus raffinolactis* 棉籽糖乳球菌

*Listeria grayi* 格氏李斯特氏菌

*Listeria innocua* 无害李斯特氏菌

*Listeria monocytogenes* 单核增生李斯特氏菌

*Listeria seeligeri* 斯氏李斯特氏菌

*Luteimonas cucumeris* 黄瓜藤黄色单胞菌

*Luteimonas terricola* 栖土藤黄色单胞菌

# M

*Micrococcus endophyticus* 植物内生微球菌

*Micrococcus luteus* 滕黄微球菌

*Micrococcus terreus* 土微球菌

*Monascus purpureus* 紫红曲霉

*Monascus ruber* 红色红曲霉

*Mucor circinelloides* 卷枝毛霉

*Mycobacterium phlei* 草分枝杆菌

*Mycobacterium tuberculosis* 结核分枝杆菌

# N

*Neisseria cinerea* 灰色奈瑟球菌

*Neisseria lactamica* 乳糖奈瑟球菌

*Neisseria polysaccharea* 多糖奈瑟球菌

*Neisseria sicca* 干燥奈瑟球菌

*Neisseria subflava* 微黄奈瑟球菌

# O

*Oerskovia turbata* 震颤厄氏菌

*Oerskovia xanthineolytica* 溶黄嘌呤厄氏菌

# P

*Pasteurella aerogenes* 产气巴斯德菌

*Pediococcus acidilactici* 乳酸片球菌

*Pediococcus ethanolidurans* 耐乙醇片球菌

*Pediococcus lolii* 黑麦草片球菌

*Pediococcus pentosaceus* 戊糖片球菌

*Penicillium chrysogenum* 产黄青霉

*Photobacterium damsela* 美人鱼发光杆菌

*Photobacterium frigidiphilum* 嗜冷发光杆菌

*Photobacterium marina* 海洋发光杆菌

*Photobacterium phosphoreum* 明亮发光杆菌

*Pichia anomala* 异常毕赤酵母

*Pichia pastoris* 巴斯德毕赤酵母

*Pichia spartinae* 斯巴达克毕赤酵母

*Plesimonas shigelloides* 类志贺氏邻单胞菌

*Porphyromonas asaccharolytica* 不解糖卟啉单胞菌

*Prevotella melaninogenica* 产黑色普雷沃菌

*Propionibacterium acidipropionici* 产丙酸丙酸杆菌

*Proteus hauseri* 豪氏变形菌

*Proteus mirabilis* 奇异变形杆菌

*Proteus penneri* 彭氏变形杆菌

*Proteus vulgaris* 普通变形杆菌

*Providencia alcalifaciens* 产碱普罗威登斯菌

*Pseudomonas aeruginosa* 铜绿假单胞菌

*Pseudomonas alcaligenes* 产碱假单胞菌

*Pseudomonas alcalophila* 产碱假单胞菌

*Pseudomonas fluorescens* 荧光假单胞菌

*Pseudomonas mendocina* 门多萨假单胞菌

# R

*Rhizopus nigricans* 黑根霉

*Rhizopus stolonifer* 匍枝根霉

*Rhodotorula babjevae* 巴布伊娃红酵母

*Rhodotorula diobovata* 双倒卵形红酵母

*Rhodotorula fragaria* 草莓红酵母

*Rhodotorula glutinis* 粘红酵母

*Rhodotorula graminis* 禾本红酵母

*Rhodotorula mucilaginosa* 胶红酵母

# S

*Saccharomyces cerevisiae* 酿酒酵母

*Saccharomyces ellipscideus* 葡萄酒酵母

*Saccharomyces paradoxus* 奇异酵母

*Saccharomyces sake* 清酒酵母

*Salmonella cholerae – suis* 猪霍乱沙门氏菌

*Salmonella enterica* 肠沙门氏菌

*Salmonella typhi* 伤寒沙门氏菌

*Salmonella typhimurium* 鼠伤寒沙门氏菌

*Serratia marcescens* 粘质沙雷氏菌

*Serratia salinaria* 盐地沙雷氏菌

*Serratia rubidaea* 深红沙雷氏菌

*Shewanella algae* 海藻希瓦氏菌

*Shewanella aquimarina* 海水希瓦氏菌

*Shigella dysenteriae* 痢疾志贺氏菌

*Shigella flexneri* 弗氏志贺氏菌

*Sphingomonas paucimobilis* 少动鞘氨醇单胞菌

*Sporobolomyces salmonicolor* 赭色掷孢酵母

*Staphylococcus albus* 白色葡萄球菌

*Staphylococcus aureus* 金黄色葡萄球菌

*Staphylococcus auricularis* 耳葡萄球菌

*Staphylococcus chromogenes* 产色葡萄球菌

*Staphylococcus epidermidis* 表皮葡萄球菌

*Staphylococcus haemolyticus* 溶血葡萄球菌

*Staphylococcus kloosii* 克氏葡萄球菌

*Staphylococcus lentus* 缓慢葡萄球菌

*Staphylococcus saccharolylicus* 解糖葡萄球菌

*Staphylococcus saprophyticus* 腐生葡萄球菌

*Staphylococcus schleiferi* 施氏葡萄球菌

*Staphylococcus warneri* 沃氏葡萄球菌

*Staphylococcus xylosus* 木葡萄球菌

*Streptococcus lactis* 乳链球菌

*Streptococcus eqei* 马链球菌

*Streptococcus haemolyticus* 溶血链球菌

*Streptococcus mutans* 变异链球菌

*Streptococcus pneumoniae* 肺炎链球菌

*Streptococcus thermophilus* 嗜热链球菌

*Streptococcus sanguinis* 血链球菌

*Streptomyces albidoflavus* 微白黄链霉菌

*streptomyces aureoversilis* 金色轮生链霉菌

*Streptomyces avermitilis* 阿维菌素链霉菌

*Streptomyces flavidovirens* 微黄绿链霉菌

*Streptomyces fradiae* 弗氏链霉菌

# T

*Torula Kefir* 开菲尔圆酵母

*Trichoderma viride* 绿色木霉

*Trichosporon asahii* 阿萨斯丝孢酵母

*Trichosporon aquatile* 水生丝孢酵母

*Trichosporon capitatum* 头状丝孢酵母

*Trichosporon cutaneum* 皮状丝孢酵母

*Trichosporon ovoides* 卵形丝孢酵母

*Trichosporon thermophila* 嗜热丝孢酵母

# V

*Veillonella parvula* 小韦荣球菌

*Vibrio cholerae* 霍乱弧菌

*Vibrio mimicus* 最小弧菌

*Vibrio parahaemolyticus* 副溶血弧菌

*Vishniacozyma victoriae* 维多利亚维希尼克氏酵母

# W

*Weeksella virosa* 黏液威克斯氏菌

# Y

*Yersinia enterocolitica* 小肠结肠炎耶尔森菌

*Yersinia intermedia* 中间耶尔森菌

*Yersinia pestis* 鼠疫耶尔森菌

*Yersinia mollaretii* 莫氏耶尔森氏菌

# Z

*ZygoSaccharomyces bailii* 拜耳结合酵母

*Zygosaccharomyces rouxii* 鲁氏接合酵母